#チャンスの種をまく
#炎上力をポジティヴに使う
#いったん休止する
#傷つく勇気を持つ
#半分はスルーする
#本音をポロリする
#心に〝しょせんSNS〟と刻む
#気楽に「いいね」する
#今を記録する
#何者であるかを問う
#自分のルールを作る
#悪口をポジティヴに変換する
#嘘はバレると思え
#遊びながら宣伝する
#共感を探す
SNSをポジティヴに楽しむための30の習慣
井上裕介 NON STYLE 著

ＳＮＳを ポジティヴに 楽しむための ３０の習慣

井上裕介 著
NON STYLE

はじめに

今、この本を手にしている方。

ＳＮＳをこれから始めようとしているか、もしくはＳＮＳとの向き合い方がわからず悩んでいるか、とにかくさまざまな事情があって手にしてくれているのではないかと思います。

最初にお伝えしておきたいのは、この本には、雑誌やインターネットでよく見るような「手っ取り早くバズる方法」とか「『いいね』をたくさんもらうための書き方」とか「インスタ映えするスポット」とか「絶対盛れる自撮りポーズ」のようなテクニックは一切書いてありません。ＳＮＳでフォロワーを増やすためのハウツー本ではないのです。

今回の本では、ＳＮＳに振り回されず、上手に使うための心の持ちようを僕自身の経験に基づいて書いてみました。

僕は昔から、新しいモノや、新たに出会ったヒトに対する偏見がありません。使ってみないと、接してみないとわからないことがたくさんあるから。結果が同じでも、「やるか」「やらないか」なら、やったほうがいいと思っています。ずっと部屋の中にいるよりも、寄り道しながら帰るほうがずっといい。恋愛だってそうだよね。相手を抱いてみないと、抱かれてみないと見えてこない景色がある！

そういう考え方だから、携帯電話もガラケーからスマホに早い段階で移行したし、Twitter、Instagram、Facebook、TikTok……ＳＮＳと呼ばれるものは、すべて試してきました。

特に、2010年頃から始めたTwitter。今なら〝クソリプ〟と呼ばれるような誹謗中傷メッセージもたくさん送られてきました。その一部に対して、自分なりの考えを添えてコメント付きでリツイートしていたら、それが〝ポジティヴ返し〟とネーミングされてまとめサイトで話題になり、ネットニュースにもなりました。気ままにやっていたTwitterが「人生観が変わった」「生きていく自信がついた」など、思いもよらない反響に結びついたんです。

その後、僕の信条である〝ポジティヴ〟というキーワードをテーマに、書籍を2冊、日めくりを2冊上梓しました。その際には自分のSNSアカウントを使ってたくさん宣伝もさせていただきました。実際は自動ツイートアプリも使っていたけれど(笑)、それは一度ツイートしただけでフォロワー全員に伝わっているとは思っていなかったからです。

〝ポジティヴ返し〟と同じく、人と違ったことをSNSで発信したいと考えた僕は、

Instagramで〝男の自撮り〟をアップし始めます。「彼氏と添い寝なうに使っていいよ」と投稿した写真は、再びネットニュースに。2019年1月には、『SPA!』の恒例企画「男が選ぶ好きな男・嫌いな男」の「インスタ映えを気にしてそうな男」ランキングにおいて、僕はりゅうちぇるを抑えて1位となりました。昨年に続き、2連覇です（笑）。

記事には〝SNS芸人〟と書かれてありました。1位を獲得できてうれしい半面、この世間のイメージに、僕は正直戸惑いも抱えています。

というのも、僕は純粋に〝自分〟という素材を楽しんでほしいからInstagramの写真は一切加工をしていませんし、そもそもSNSに割いている時間は一日のうちのほんのわずかな時間にすぎないから。

僕がSNSを使う上で大事にしているポリシーが5つあります。

1　臆病にならない
2　時間をかけない
3　飾りすぎない
4　はしゃがない
5　振り回されない

これらを日々意識することによって、今も昔も悪口を言われ続けている僕ですが、ＳＮＳでのストレスを感じることはほとんどありません。そればかりか、逆に日常の些細な瞬間に喜びを感じるなど、リアルを見つめ直すきっかけをもらえたような気さえするのです。

最近では〝ＳＮＳ疲れ〟という言葉をよく耳にするようになりました。炎上狙いの暴言や過剰なアピール合戦とマウンティング、もはや詐欺レベルの加工（笑）など、義務や強制ではなく本来は好きでやっているはずなのに、ＳＮＳにまつわるあれこれにストレスを抱えたり、リアルな生活に支障を来す人も多いようです。こんなことで悩む必要も、振り回される必要もないのに！と僕は思うのです。確かに上手に使えば「されどＳＮＳ」になるけど、「しょせんＳＮＳ」だということも心に留めておくことが大事だと思うし、リアルな仕事や生活をポジティヴに生きている人ほどＳＮＳと上手に向き合っていると思います。

この本には、前述の５つのポリシーと、それに基づく30の習慣を記しています。

ＳＮＳは無料で楽しめる遊びの場であり、上手に使えば幸せの連鎖が起こることだってあります。

この本を読むことで、ＳＮＳにためらいがある中高年の方や、使いすぎて疲れている若い人たちの心が少しでも軽くなると同時に、ＳＮＳを使って何より大事なリアルの世界をポジティヴに楽しめるようになっていただけたらうれしいです。

目次

第3章 飾りすぎない
リアルな自分をプロデュースする

第4章 はしゃがない
いつか何者かになるために

第5章
振り回されない
SNSは無料の遊び場である

欄外コラム

第１章

臆病にならない

ＳＮＳはチャンスの宝庫である

01 共感を探す

情報収集や意見交換、表現したい欲も満たされる。今では使って当たり前の存在となったＳＮＳ（ソーシャル・ネットワーク・サービス）。この本の読者のほとんどの方がすでにＳＮＳを使っていると思うけど、積極的にやっていない人や、「Twitterはやっているけどinstagramはやっていない」（その逆も）なんて人のために、初歩の初歩のことも書こうと思います。ヘビーユーザーはこの章を読み飛ばしてもいいし、今一度何を目的に始めたのか、振り返るきっかけにしてほしい。

僕がTwitterを始めたのは10年以上前、品川よしもとプリンスシアターがあった頃。楽屋で共演者のみんなとアカウントを作りました。最初にフォローしたのは、チュートリアルの徳井義実さん。それから芸人仲間、その後に一般の方もフォローし、共演者や新たに出会った友人との交流も始まり、２０１９年3月時点の僕のTwitterフォロー数は約3700、フォロワー数は約96万、Instagramのフォロー数は約5900、フォロワー数は約18万人です。

あなたが今、SNSを始めることをためらっているなら、「アカウントを作ってみる」ことが第一。何事もまず触れてみることで、あなたがそのサービスに対して取るべきスタンスが見えてくるはず。これはお見合いやゲームのサービスにもいえます。極論を言えば、合わなければ、やめればいいんです。

何か物事を起こすとき、1から100に拡大することより、ゼロから1を生み出すことのほうがずっと難しい。会社の起業がよい例です。土台となる人脈や知識の有無で、成功までの難易度が違う。SNSに置き換えて言えば、アカウントがなければ、誰かとつながるチャンスは一生ゼロのまま。やらずに文句を言う前に、まずは試して生かそうとすることが大切です。

SNSはお金のかからない無料の遊び場。堅苦しく考えず、ひとまずアカウントを作り、その中から自分に向いているもの、情熱を注げるものを見つけていけばいい。そう、みんなわかっているはず、スーパー・ポジティヴなアティチュードが大事だということを！

情報収集することが情報交換することへの第一歩

SNS初心者は、アカウントを作ったら、興味のある分野の単語やハッシュタグを使って検索してみよう。わかりやすいところでいうと、趣味や好きな有名人でしょうか。好きなタレントさんがSNSをやっていないかチェックしてみると、その人の活動はもちろん、プライベートまで身近に感じることができます。当然、つながった＝友達というわけではありません。あくまでも情報収集です。自分と同じ趣味を持つ一般の方であれば、もっと自然にフォローして互いに情報交換できる確率が高くなる。テレビやインターネットだけでは知り得なかった情報を得ることもできるし、ゆくゆくは直接会うこともできるかもしれない。

僕の場合、共演者やスタッフさん、友達以外では、趣味のマンガ、アニメ、声優関係のアカウントをたくさんフォローしています。特にクイズが大好きなので、毎日クイズを投稿している一般の方のアカウントもフォロー。僕がフォローをしたら、向こうは「どうしてフォローしてくれたんですか？」とびっくりしていたけれど、クイズが好きで、その方の投稿がおもしろくて参考になったから。理由はシンプルだけど、そんな「好き」という気持ちが高じて交流が生まれ、ビジネスにつながったという話もよく耳にします。

共感できる人やものを探す方法のひとつが「ハッシュタグ」。テキストの頭に「#」を付けるラベルのようなもので、検索を容易にしてくれます。具体的な固有名詞を入れてもいいし、「#○○好きとつながりたい」と投稿すれば、仲間をすぐに見つけられるし、マニアックなハッシュタグほど知りたいことに直結する。使えるハッシュタグはメモしておくと◎。

140文字詰めで「キモキモキモ…」と言われて……

＼ポジティヴ返し！／

なんだか、焼き鳥の肝が食べたくなってきた。

共感を求める場所ではなく、探す場所である

極端に言えば、SNSは自分が共感できるものを探して見つける場所であって、周囲からの共感だけをねらって投稿する場所ではないということ。そのことを履き違えると、歪みが生まれて悩まされることが多いと思う。

「SNSは、読む・見る人の共感を呼べるかが拡散の決め手」みたいな記事を目にしますが、僕はフォロワーの共感だけを目的に投稿することなんてない。なぜなら、自分が決めたことをブレずにポジティヴな姿勢でやり続けたら結果につながるということを、ネットでもリアルでも体験してきたから。

共感してもらうために、自分の言葉＝信念を曲げる必要なんてない。Aさんはこう言っている、Bさんはこう言っている、でも井上はこう思う……とい

う、いろんな価値観に触れられるのがSNSの醍醐味です。もちろん、その主張の度が過ぎると炎上騒ぎに発展することがあり、匿名性の問題が叫ばれているのも事実。ただ誤解を恐れずに言えば、匿名で顔写真も出していない、相手もどんな人かもわからないなら、わざわざゴマをすってまで共感を求めなくていい。しょせんネット上の出来事なんだから！　しょせんネット上の出来事なんだから！　重要なので2回言いました（笑）。

いちばんよいのは、自分が思ったことをそのまま発信し、それが自然とみんなの「いいね」につながること。「それが難しいんだよ！」って思うかもしれないけど、たいていの人は結果が出る前にあきらめていると思うんです。

だって僕を見てください。Twitterでさんざん悪口を言われたけど、コツコツ〝ポジティヴ返し〟をしていたらスーパー・ポジティヴ・キャラを確立できた。続けることで結果的に共感を呼ぶことができただけであって、SNS上での立ち振る舞い、自分が書いたことに嘘偽りはないんです。

02 仲間と交流する

僕が考えるに、SNSとは「S(すぐに)・N(仲良くなれる)・S(サービス)」であり、「S(しょせん)・N(ネット上の)・S(サービス)」です。

だからSNS上で「この人、ちょっと気になるな」と感じた人がいたら、そのアカウントとどんな交流ができるか考えてみよう。リアルなコミュニケーションが苦手な人こそ、克服のきっかけになるかもしれない。

例えば、ダイエット中の人。ひとりでダイエットするのって、意外としんどいもの。しかも、なかなか効果が出なかったりすると、モチベーションはダダ下がり。ジムに行って切磋琢磨し合える人を見つければ話は早いかもしれませんが、そんなお金も積極性もない。

「土に帰れ」と罵られて……

＼ ポジティヴ返し！ ／

そして綺麗な花を咲かすだろう!!

そんな人こそ、無料のSNSを活用すべき。毎日の食事とカロリーをInstagramにアップし、ダイエット中であることを〝宣言〟。そして「#ダイエット仲間募集」みたいなハッシュタグもつける。そうすれば、同じくダイエット中の仲間たちが見つけてくれるかもしれない。やり続けていれば、いつかは相互フォローし合える仲間が見つかります。うまく交流できれば楽に痩せられる方法、自分に合ったダイエット法を共有できる関係が築けるかもしれない。そしてSNSの投稿は記録としても残るから、栄養管理もバッチリできる。こんなポジティヴなイメージをもってSNSを続けることが大事なんです。

中には、ダイエットしていることを友人や仕事仲間に知られるのが恥ずかしい人もいるでしょう。そんな場合は「ダイエットアカウント」を作るのもひとつの手です。同じことが「婚活」にもいえます。婚活は内緒にしたい、でも仲間がほしい。そう思ったあなたは、まずは「#婚活中」で検索してみよう。仲間たちの婚活報告を読んで、婚活する効果がありそうだったら別アカウントで婚活を始めてみるのもいい。その際、自分の写真を加工しすぎるなど投稿に嘘偽りが多いと、実際に相手と会った後が大変なので注意してね！

本当に楽しいのは
リアルな場での交流です

ＳＮＳ上であっても「この人なら信頼できる！」という仲間に出会えたなら、実際に会ってみるのもアリです。

もちろんリスクもあるし、慣れないうちは複数人での会合のほうが安心です。特に女性は慎重にね。僕もＳＮＳをきっかけに、リアルな場で一般の方とお話しする機会も増えてきました。

謎解きが好きで、オフの日にはリアル脱出ゲームに参加している僕も、参加後はＳＮＳで謎解きに成功した写真と共に結果報告をしています。謎解き団体は全国に30~40ありますが、先方も僕がコアなファンだと知ってくれるようになり、「井上さんが遊びに来てくれたら、うちの団体も一人前です」なんて言われるほどになりました（笑）。

以前、ひとりでリアル脱出ゲームに参加したときのこと。当然ながらチームには初対面の人だらけだったんだけど、みなさん、僕のことを芸人である前に、謎解き仲間として接してくれたのがうれしかった。「井上さんが同じチームだと心強いです！」とまで言ってもらえたりして。ひとりで考えるよりも、みんなで話し合いながら答えにたどり着くのが脱出ゲームの醍醐味。同じ目的があるから、会話にも困らない。そう考えると、リアル脱出ゲームは、SNS上の仲間と初めて会うのに適した場所のひとつかもしれません。

情報を生かすも殺すも
あなたの行動にかかっている

SNSは、好きな人や仕事仲間との〝会話の糸口〟にもなります。

例えば、リアルな知人の中に好きな人がいたとする。相手をフォローしたら、好きな食べ物やファッションなど、相手のことが少しずつ理解できます。それを手がかりにデートに誘うことだってできる。

今、「ちょっと気持ち悪いかも」って思った？　でも、それでいいんです！

好きな人のことを知りたくなるのは当たり前のことだし、大事なのはどうやって思いを伝えていくかなんだから。活用しなくたって、知るということだけでも十分。あくまでSNSで得た一部の情報ということだけ忘れなければ、さりげない気づかいにつながるし、ライバルよりスタートダッシュをキメて、恋愛を始められる可能性もあるわけです。

恋愛に限らず、僕は初めて共演する方を事前にフォローし、その人にまつわる情報を集めておくようにしています。例えば先日のこと。「昨日誕生日だったんですね」「なんで知ってるんですか？」「Twitterで見まして」「ありがとうございます。私もフォローしますね」。はい、めでたくつながりました。

これは成功例ですが、就職活動などについても同じことがいえます。公式アカウントを持つ企業も増えてきたから、どんどんフォローして情報収集すべき。そうすれば、面接官との会話の手がかりになります。

ついついＳＮＳだけで満たされた気分になりがちだけど、大事なのはリアルな場での交流。得た情報をいかにリアルにつなげるかなんです。

140文字詰めで「死ね死ね死ね…」と言われて……

ポジティヴ返し!

僕にぶつけた死ねの数だけ、誰かに愛を差し上げてね♡

03

個性を投稿する

Instagramを見ていて、よく思うことがあります。

みんな「ごはん」と「コーデ」に踊らされすぎている！

今やおいしいお店、行きたいお店はInstagramで見つける時代と言われています。おいしいグルメだけを紹介するアカウントも増えて〝インスタ映え〟なる言葉も生まれ、2017年の「ユーキャン新語・流行語大賞」で年間大賞に選ばれました。今では、お店側が躍起になってインスタ映えするメニューを考案し、それがテレビや雑誌の企画になったりしています。

そしてファッション。人気インスタグラマーのスタイルブックも人気なんだとか。「#お洒落さんと繋がりたい」や「#今日のコーデ」、英語だと「#ootd」（Outfit

Of The Dayの略。「今日の服装」という意味）「#outfit」（「服装・身支度」という意味）とハッシュタグ検索すると、雑誌みたいな写真がたくさん出てきます。みんな全身鏡の前で撮ったり、セルフタイマーを活用したりと、とにかく今日のコーデを自撮りするのに余念がない人たちです。

グルメやファッションって衣食住にまつわることだから、みんなが生活する上で必要不可欠なもの。注目を集めるのは、ある意味必然。だけど、この異様な祭り上げられ方に、そんな投稿に注ぐ過剰なエネルギーに僕は警鐘を鳴らしたい！

Instagramに夢中の人は視聴率稼ぎに走ったテレビ番組に似ている

Instagramにおけるグルメとファッションは、テレビ番組の鉄板企画と一緒。毎日のように「いいね」をねらってアップする行為は、視聴率稼ぎみたいなものです。

発信する場所がInstagramというおしゃれな横文字のメディアになっただけで、結局「テレビで話題の」も「Instagramで話題の」も大差ない。今も昔も、見る人の「おいしそう」「かわいい」「かっこいい」を引き出すためだけに、延々と同じことを繰り返しているような気がします。世間のはやりに踊らされていて、メディアは違えど、目指すゴールはずっと変わっていない。「それってなんかさびしくない？」と感じてしまうのは僕だけかな。

かく言う僕は、グルメもファッションも、ほぼ投稿していません。

前者は、よく行くお店がバレたら大変になるから。そして後者は、ただただ僕の私服がダサいからです（笑）。僕が戦う場所はそこではないと、しっかりわきまえています！

「井上を見るとネガティヴになる」と言われて……

ポジティヴ返し！

叶わぬ恋だと、辛くなっちゃうかぁ。

過度におしゃれな演出は
いつか身を滅ぼしてしまう？

おしゃれな自分を演出してフォロワーが増えると、最初は優越感に浸れるでしょう。**でも気持ちいいのは一瞬。いつか本当の自分とのズレが生じてくるはず。**そのギャップの埋め合わせは、なかなか大変な作業です。それよりも「僕はこれがおしゃれだと思うんです。どうかな？」ぐらいの気軽な感覚で投稿したり、笑いに特化した投稿もしたり、バランスよく続けて、長い目で見て「いいね」が少しずつ増えていったほうが健全だと思います。

ダサいといえば、アメリカでは「クリスマスにダサいセーターを着て、SNSに投稿する」のが恒例行事となっています。オクラホマシティに住むBeau Coffron（ボウ・コフロン）さんは、もともとフォロワー数約3万人（2019年3

月時点）を誇る人気インスタグラマー。そんな彼が2018年の年末に家族のアカウント（@lunchboxfamily）で行った「12日間のダサいクリスマス」というチャレンジが、ネットでも話題になっていました。ド派手で絶妙にダサいセーターと、モデルみたいな〝キメ顔〟とのギャップが楽しくて、きっちり笑いを取りにいっている。「コーデ」も、ここまで振り切れたらすごい。「おしゃれ」と「おもしろ」の掛け算が、唯一無二の表現になっています。

インスタ映えではなく地味投稿を積み上げる

グルメの話題に話を戻すと、Instagram上には僕みたいにバカ正直な人もじわじわと増えてきました。

2017年ぐらいから、見た目重視の〝インスタ映え〟に対抗して、「#地味メシ」なるハッシュタグが浸透してきています。餃子や肉じゃが、唐揚げなど、いわゆるカラフルでポップなビジュアルとは真逆の、茶色の料理＝地味メシの投稿が増加中で、ナンバーワンはカレーライスなのだとか。この「＃地味メシ」ブームは、あまのじゃく的な心理を持つ人たちだけが巻き起こした一過性のものにはとどまらないはず。**インスタ映えへのアンチテーゼが、本質を見極めることの大切さを教えてくれるんです。**

ネットでもリアルでも、人からの評価をいちいち求めすぎると、しんどくなるのは同じです。だから頭に入れておきたい言葉が「しょせんＳＮＳ」。本当に自分が楽しいと思っていることを投稿しないと、いつかきっとボロが出るよ。

もしあなたがＳＮＳ上の「いいね」だけをねらって「ごはん」や「コーデ」を投稿しているなら、早めに卒業して、ストレスのない楽しみ方を見つけてほしいな。

04

自分のルールを作る

インターネット上にたくさんあふれている「ごはん」や「コーデ」の中に埋もれるぐらいなら、オンリーワンの自分でホームランを目指したほうがずっといいと思いませんか?

何事も楽しむためには、自分が無理なく続けられるルールが必要だと僕は思うんです。

もしあなたがSNSを日課としたいなら、気張らず「自分の好きなもの」を投稿していくこと。

例えば90歳のおばあちゃん、西本喜美子さんのInstagram (@kimiko_nishimoto)

をご存じでしょうか？　僕は最初見たとき、度肝を抜かれました！

「車に轢かれかけた姿」「ゴミ袋に身を包んだ姿」「ホウキで飛んでいる姿」。どれもフォトショップやイラストレーターでデジタル加工処理されていて、さらにはご自宅に撮影用のスタジオセットまで作っちゃった。おばあちゃんの楽しさがこっちにも伝わってくるエピソードです。そしてユーモアたっぷりの体当たり写真を、おばあちゃんがアップし続けているというギャップがおもしろい。時間にゆとりのある高齢者はSNS向きという見方もあります。

かく言う僕の場合は、〝ポジティヴ返し〟がクローズアップされたけど、おかげさまで、今もフォロワーさんとのキャッチボールは続いていています（笑）。

もうひとつ言うなら、Instagaramの流行前、男性芸能人の中で「自撮りツイート」を始めたのは、かなり早かったと思います。

「#イケメンだろ」「#肌は綺麗なの」とハッシュタグを書くと、みんなして「一

「かじりかけの煎餅みたい」と髪型をイジられて……　＼ポジティヴ返し！／

かじりかけってことは、
食べようとしてくれたってことやん（≧∇≦）

周してカッコいい」「鎖骨はどこに落としてきたのやら（笑）」なんてツッコミを入れてくれる。自分を使って、フォロワーたちに遊んでもらう。そんな交流も楽しいなと思います。

Instagramの投稿はお笑いで言う一発ギャグ

最後のルールは「これを投稿してみよう！」というテーマを決めたら、ブレずに続けてみること。

「今日のお肉」でもいいし「今日の公園」でもいい。髪の毛が薄くなった人は、髪の毛の後退具合を毎日レポートしてみたら、前述のダイエットみたいに仲間も増えるかもしれない。

Instagramは、お笑いで例えるなら「一発ギャグ」のようなもの。

数年前から、インターネットやSNSでは「バズる」（SNSを介して、口コミがあっという間に拡散すること）という言葉が使われるようになりました。

お笑いの世界で舞台経験のない素人がいきなりブレイクすることが難しいように、最初の投稿で「バズる」なんてないと思ったほうがいい。Instagramでも、地道な下積みや種まきが大事なのです。

そうして、何年か続けていたら、たまたまポーンとバズることもあるかもしれない。そこで初めて、コツコツ積み重ねてきた過去の投稿も全部評価してもらえると思うんです。

みんな「バズる」という言葉に引っ張られすぎだけど、僕が思うに、結果よりも、そこに至るプロセスこそ大事にしてほしい。

SNSは長い目で気楽に楽しむものだよ。

05

目的をもってエゴサーチする

例えばあなたがモノを制作して売っていたり、お店を経営しているとしましょう。

当然、自分たちが購入者やお客さんからどう評価されているか気になりますよね。

Amazonや食べログなどではそれぞれのページで、ユーザーのレビューを読めるようになっています。そこでも十分、自分たちの評価を知ることはできるけれど、よりリアルで旬な声を聞きたい場合、役に立つのがＳＮＳ上での「エゴサーチ」です。

「エゴサーチ」とは、自分の名前やハンドルネーム、サイト名、会社名などをインターネットで検索し、ほかの人からの評価を調べる行為です。

前述の食べログなどに比べ、SNSは良いことも悪いことも含め、リアルタイムで〝最旬の情報〟がどんどん入ってきます。

企業でも「ソーシャルリスニング」といって、SNS上でエゴサーチをし、サービスや商品についての消費者の声をマーケティングするところが増えているようです。

ただし一般の方の場合、安易にエゴサーチするのは危険です。

SNSって僕たちが本当に知りたい情報と同じぐらい、ネガティヴなものや嘘にあふれているから。

「ナルシストは病気になりやすい」と言いがかりをつけられて……　＼ポジティヴ返し！／

まじで？？病気も、おれの魅力に寄ってきちゃうのかぁ。

ネガティヴな人に
エゴサーチは向かない

そもそもSNSは無料で情報交換できるサービスであり、誰もが楽しいからやっているツールのはずでした。それがいつしかプロ・アマの区別なく、専門的な知識もなしに評論家気取りで上から目線で語る人たちが増えてきました。彼らは、お笑い芸人を見ては「あの芸人は一発屋」、スポーツを見ては「世界で勝つにはこうしないと」などと書き散らし、そうした書き込みを多くの人や会社が気にしすぎている。

本来のSNSは自由でオープンな交流の場であったはずなのに、いつから裏付けのない情報や他人にはどうでもいい価値観をぶつけ合う場所になってしまったんだろう。同じ志、同じ気持ちの人はどこにいるんだろう？

アメリカでは「ネガティヴで不安を感じやすい人ほどSNS依存症になりやすい」という実験結果もあるのだとか。そんなマイナス思考の人がエゴサーチで批判を読んだらと思うと、心配で仕方ありません。

ちなみに僕の場合、「井上裕介」「ノンスタ井上」だけでエゴサーチすることはほとんどありません。いいことが書かれていないからです(笑)。

エゴサーチをしなくとも、SNSを見ていると、誹謗中傷や悪口、とにかくネガティヴなものが飛び込んでくる。芸能人と一般の方がSNS上で喧嘩している場面にも、たくさん出くわしてきた。

そんなとき、「じゃあ僕は人がやってないことをやろう」と思って始めたのが〝ポジティヴ返し〟です。悪口をいったん僕の中で受け入れて、空気清浄機のようにキレイにして返すんです。

僕はこのスーパー・ポジティヴ・シンキングを、エゴサーチをする際にも応用してほしいと考えています。

エゴサーチするなら2つ目の言葉を用意する

僕が提唱する〝ポジティヴ・エゴサーチ〟は、「2つ目の言葉」に意味があります。

僕もたまにエゴサーチをするときがあるけど、「NON STYLE」で自分たちの評価を知ることはしません。その代わりに「NON STYLE」スペース「おもしろい」、「NON STYLE」スペース「好き」と、ポジティヴなワードを入れて調べるようにしています。そうすればほら、好意的なコメントしか目に入ってきません。

「日本の恥」と罵られて……

ポジティヴ返し!

日本代表になれたぁ (*^^*)

「おもしろいと思ったことない」とか「好きじゃない」とかもたまに引っかかるけど（笑）。

自分の気持ちを上げたいがためのエゴサーチなのか、先ほどの「ソーシャルリスニング」のように自分を改善したいためのエゴサーチなのか。どんな目的でエゴサーチをするかを、自分の心に今一度問いかけてみましょう。

そして一番大事な心がけは、エゴサーチで落ち込むぐらいなら、その時間を自分磨きや明日への努力のために使ったほうがいい。リアルな場で培ったメンタルの強さやポジティヴな姿勢があってこそ、うまく活用できるのがエゴサーチなんです。

06

別アカウントで試す

Twitterは、言葉を伝えるツールです。

複数のアカウントを持つこともできるため、例えば「仕事用」と「プライベート用」というわかりやすい使い分けから、通称〝裏垢（アカ）〟という親友限定の鍵付きアカウント、〝捨て垢（アカ）〟と呼ばれるいつ消してもいいアカウントで、本人公式の〝本垢（アカ）〟では言いづらいことを書き殴っている方もいます。

ただし、別アカウントがあるからといって〝別人〟になれるわけじゃない。どちらも〝自分〟であることに変わりありません。過度に演出をしたり嘘を書くことを〝自分〟は許せるのか。自分の発言にある種の責任を持つためには、言葉が第一のTwitterのアカウントは、本来ひとつに絞ったほうがいいとは思います。

ツイートの連なりで妄想を思い描くということ

Twitterで嘘をついてほしくはありません。

ただSNSは遊びの場でもあります。架空のアカウントを作り「ここで書くことは妄想です」とあらかじめ宣言した上での投稿は、ひとつの〝表現〟として成立するのではないかと思うんです。

その表現は、小説を書く感覚に近いかもしれない。

例えば、ブロガー・作家のはあちゅうさん（@ha_chu）。彼女は「人妻の美香」という架空アカウントを作り、そこで出会った個性的な男性とネットでもリアルでも交流していたそうです。さらに、そこでのエピソードをモチーフにした小説

『仮想人生』（幻冬舎）まで発売されました。

そして後輩の横澤夏子。

彼女は、芸人として活動を始めた頃から、架空のＯＬ〝まなみ〟のアカウントを作り「今日はいい企画書ができて、上司にホメられた！　心おきなく、お見合いパーティーに行ってきます！」とか「合コン用に新しいワンピースを買った♪いい出会いがありますように」とか、いかにもＯＬがつぶやきそうな妄想の投稿をしていたみたい。あるテレビ番組でその理由を聞かれた彼女は「自分を整理するため」「新しい自分になれて、楽になる」と答えていました。架空のＯＬに成り切ることによって、心を落ち着かせることができたわけです。きっとネタ作りにも生かしていたんだろうな。

横澤の話を聞いていて思い出したのは「言霊（ことだま）」というワード。

僕たちが発するすべての言葉には魂が宿っていて、それが自分たちの人生を形づくっている。例えば「僕は不幸だ」と口にしたら、よくないことばかりが続き、逆に「なんて幸せなんだ！」と言ったら幸せが舞い込む、といった考え方です。

同じことがSNSでもいえます。

自分が吐いた言葉が自分を作るのだとしたら、誰かを傷つけてまでネガティヴな不安や批判だけを吐き出すよりも、ポジティヴな妄想を思い描いたほうがずっといい。

誰だって今の自分に満足していないし、大なり小なり変わりたいと思っている。そうした変身願望をリアルな世界で叶えられなかったとしても、SNSという遊びの空間だったら叶えられることだってあるかもしれない。そんなときこそ、自分や他人がポジティヴになるための練習ツールとして、SNSを活用すべきなんじゃないかな。

「失敗したパッツン前髪」と
アシンメトリーの髪型をイジられて……

ポジティヴ返し！

失敗で、こんなにカッコ良くなるなら、別にいいかぁ。

趣味別アカウントでやり方を変えて楽しむ

対してInstagramは、世界の人たちと写真だけでつながることのできるツール。言葉は二の次です。だからアカウントも複数使って、Aのアカウントはグルメ、Bのアカウントでは電車、Cのアカウントではメガネ……みたいな使い分けを、専門雑誌の編集長になった感覚でどんどん楽しんでほしいです。

ただし、あなたが何かのタイミングでバズったとして、人気インスタグラマーになった暁には、これだけは覚えておいてほしい。

目的を達成するために、インスタ映えをねらったり、ハッシュタグで少し遊ぶのはいいと思うんです。ただ、そうやって「いいね」やコメントがたくさん集まった結果、本当の友達の「いいね」を見過ごしてしまうかもしれない。そうならないために、友達とフォローし合うアカウントはリアルな交流の延長線として使った上で、趣味のための別アカウントを作り、不特定多数の人たちとの交流を楽しむ、という使い分けもかしこいやり方です。

どんなにSNSが楽しくたって、しょせんネット上のサービス。いつかは終わってしまうかもしれない。いつのまにかSNSに依存しすぎて、ブームが終わって周りを見たら誰もいなかった……なんてことにならないようにSNSと付き合いたいものです。やっぱり持つべきものはリアルな友達だからね。

07
炎上力をポジティヴに使う

SNSでの炎上騒ぎ。ここ数年、ワイドショーなどでも頻繁に取り上げられるようになりました。

例えば、店員が商品を使って悪ふざけしている写真や動画を投稿したことが原因でそのお店に苦情が殺到したり、有名人が来店したことを書き込んで批判を集めたり。前者は、当の本人の解雇だけでは事態を収束できず、お店が閉店に追い込まれてしまう最悪のケースもあります。

炎上が怖いのは、実名を含む、さまざまなプライバシーが流出してしまうこと。インターネット上には、個人情報が半永久的に残ります。将来の就職や結婚にも影響することだってあるかもしれません。それほどに1回の炎上が人生を狂わせ

「調子乗んな!」と罵られて……

\ ポジティヴ返し! /

乗るつもりはないんですが、調子が無理矢理
僕を乗せていくんですよね (^3^)/

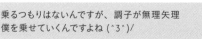

ていくこともあるんです。

先ほど書いた、不適切動画を投稿した人の炎上や解雇は当然の報いだと思います。そうではなく、自分の個人的な考えを書いて炎上してしまったとしても、それは自分の主張が招いた結果なのだから仕方ありません。SNSは気軽に発信できるからこそ楽しいものだけど、言葉や伝え方が災いのもとだということはいつの時代も、どんなメディアでも変わらない。言葉には、責任と覚悟がセットでついてくるものなんです。

SNSでの炎上は「負けるが勝ち」だ！

大前提として、SNSは不特定多数の人が読む・見るものだけに、本人に悪意がなくても、その投稿が「挑発」や「差別的」に受け取られてしまうかもしれないリスクがあります。だからこそ投稿ボタンを押す前に、書いた内容を振り返ることを心がけよう。それが先ほども書いた「自分の発言に責任を持つ」ということ。焦ったり、酔ったりしていると、何が起こるかわかるよね？

ちゃんと心がけていても、突っかかってくる人がいるかもしれません。そんな炎上こそ、ぜひポジティヴに捉えていただきたい。「負けるが勝ち」ということわざがありますが、それを〝美学〟として追求したのが、僕のスーパー・ポジティヴ・シンキングです。

「お前、気持ち悪いねん」と言われたら、「ありがとう、心の中に僕がいてくれて」と切り返して、ぐうの音も出させないのが基本スタイルです。普通、誰かに喧嘩を売られたら、真正面から反論する人が多い。でもSNSは、不特定多数の人が見ているオープンな場。突っかかってきたのは相手でも、反論の仕方、読む人の受け取り方次第では、相手もろとも、自分の株も下がる危険性があります。

だから第一に、アツくなって反論しないこと。そして負けたように見せかけて、相手には「文句は言っても、なんだかんだで僕のこと意識してるんでしょう?」と痛いところを指摘すること。しかも相手を傷つけることなく、というところがポイントです。こうすることで、結果的にフォロワーの方たちには心の広さが伝わる。僕にとって炎上はダメージではなく、株を上げてくれる格好のタイミングとなったと言っても過言ではありません。

熊本地震で発揮されたSNS集団の圧倒的なパワー

ではもし、自分の個人的な発言が、図らずも炎上してしまったとしたら?

まずみんながやるのは、謝って該当ツイートをすぐ削除しに走ります。それはある意味、正しい。火は早く消したほうがいいに決まっています。ただ一方で、炎上したという事実だけで発言を撤回して謝る=「自分の意見は大したものではなかった」と認めることになってしまう。こうして普段から炎上におびえすぎた結果、世の中から「個性」というものがなくなっていくような気がするんです。大多数の意見が正しいとは限らないのに。

そして炎上は怖いかもしれないけど、そこに集まるエネルギーはすさまじい。拡散のスピード力、個人情報を突き止めるリサーチ力、炎上の経緯をまとめる編集力。これらをポジティヴな方向に使ってほしいんです。

ひとつの投稿に対して、集団が意識を集中して知恵を絞れば、めちゃくちゃ大きなパワーが生まれます。

例えば2016年4月14日に起きた熊本地震。当時「#被災飯テロ」というハッシュタグが話題になりました。厳しい状況の中、ある被災者の男性が、限られた食材を無駄にしないようにできる限りおいしく調理し、そのメニューを「#被災飯テロ」というハッシュタグと共に投稿したのです。これをきっかけに、他の被災者たちも被災飯をSNSで紹介するようになった。この盛り上がりを受け、「被災飯にあると便利なもの」というまとめページなどもできたそう。

僕はこの本を通して、世の中のＳＮＳの捉え方を変えたいと本気で思っています。

ハッシュタグ「＃被災飯テロ」を明日への活力にした人たちのように、こうしてピンチを前向きに捉える人たちがＳＮＳにはたくさんいると僕は信じたい。

ＳＮＳに振り回されてたまに疲れることもあるけれど、こんなニュースを聞くと、僕はホッとするんです。

みんなもっと、ポジティヴな方向に炎上パワーを使おうよ。

＼ ポジティヴ返し！ ／

「才能なし」と罵られて……

才能はなくても、夢はたくさんあるんだ！！

Inoue Tweet Selection ①

井上裕介

どうも !!
ダサいコンビ名ランキング圧倒的１位の『NON STYLE』です。
まさか２位に倍の票数で１位になるとは。
『NON STYLE』というコンビ名は、僕の独断でつけた名前なので、
ダサいセンスの中に石田くんは入ってませんので、
石田くんはダサくないということで、お願いします（笑）。

井上裕介

お笑いブームは終わったというネットニュースを見た。
確かにネタ番組もないし終わったのかもしれない。
ただ、終わったのであれば、また始めればいい。
立ち上がればいい！ 僕一人の力では何にも動かないけど
面白い芸人、面白いスタッフさんが集まれば
必ずまた始まるはず。 僕は、そう信じてる。

井上裕介

諦めたら、そこで試合終了ですよ !!　とても素晴らしい言葉だ。
ただ、試合に出なければ、諦めることさえ出来ない !!
ただ、試合に出なければ、諦めることさえ出来ない !!
だから、まずは何にせよ試合に出ることが大事なんだ。

井上裕介

大人は大人らしくしなきゃいけないなんて、
誰が決めたんだろう !?　いいじゃないか !!
いつまでも、子供で !!　世の中には、
子供じゃないと楽しめない場所がいっぱいあるんだから !!
おれは、いつまでも子供のような大人でいたいなぁ。

井上裕介

ありもしない誹謗中傷で法的措置かぁ !!
有名人であっても、言っちゃいけないこと、
やっちゃいけないことは、たくさんある。
精神的ストレスを他人が測るのは良くない。
ただ僕は、そんな誹謗中傷も
笑いに変えれるような芸人さんになりたいなぁ。
まぁ、まだまだ頑張らないとダメだけどね (^^)

第２章

時間をかけない

今、大切なものを優先する

08

自分をプレゼンする

第1章では、ＳＮＳと上手に付き合うための初歩的な心構えをご紹介しました。第2章では、時間をかけず、ひとりでも多くの人の目に留まるようにするためのＳＮＳのテクニックを考えていきましょう。

ＳＮＳ、特にTwitterは言葉を伝えるツールです。文章力がまったくないよりは、あったに越したことはない。でも、文章をウンウンうなりながら考えて、気がついたら日が暮れていた……なんていうのは時間の無駄にほかなりません。

日々タイムラインは、ものすごいスピードで流れていきます。しかも、自分がフォローしているアカウントが多ければ多いほどタイムラインに表示されるツイートが増えるので、そのスピードは加速します。こうしてＳＮＳユーザーたちは膨大な投稿を〝流し読み〟していきます。〝流し読み〟というより、〝流し見〟という表現のほうが近いかもしれない。

〝流し見〟されていくタイムラインの中でひとりでも多くの注意を引くために大事なのは、視覚的な読みやすさ、つまり「レイアウト」を考えることです。

〝プレゼン資料〟だと思って伝えたい要点を整理する

例えば、会社のミーティングや学校のレポート発表。資料を見ていて「何を伝えたいのかわからない」と戸惑った経験のある人も多いのではないでしょうか。

プレゼン資料というものは、要点がシンプルに整理され、かつ読みやすく、目で見たときに混乱しないものがよいとされています。

Twitterも同様です。限られた文字数フォーマットの中で、自分の好きなもの、おもしろかったこと、なんでもない日々のたわ言でも、いかに要点をかいつまんでまとめられるかがカギを握ります。

だから、SNSとは、自分を知ってもらうための文字数制限付き〝プレゼン資料〟と捉えてみよう。

要点を〝強調〟することで、時間をかけずに相手の理解を深める

Twitterには140字という文字数制限があります（※ただし2017年、日本語、中国語、韓国語以外は文字数上限が280字に拡大）。

でも僕は常に「見やすさ」を最優先しているので、140字をびっしり埋めることはしません。実際、Twitter社の調査によると、140文字フルで投稿している人は全日本語ユーザーのうちの0.4%だそうです。

たとえ長文を書くとしても、こまめに改行をし、文章を細かく分けています。

就職やアルバイトの面接で提出する履歴書を思い出してみてください。志望動機や長所を書く欄って意外に小さいよね。応募する人たちはみんな、いかにその会社で働きたいか、いかに自分はその会社で働くにふさわしい人間なのかを短い文章でアピールしないといけない。大量の履歴書の中で埋もれることなく、面接官に「会ってみたい」と思わせないといけないわけです。

Twitterの投稿ボックスも履歴書の志望動機欄と同じで、とても小さいもの。だからこそ文章を細かく分けてあげることで、読むほうは一文一文を視覚的に認識し、その要点を早く理解できるようになるんです。

＼ポジティヴ返し！／

「奇跡的に気持ち悪い」と発言をバカにされて……

奇跡を起こせる男という事ですね。

そして、もうひとつ。強調したいことにはカギカッコを付けています。ブログやmixiがはやっていた頃は、強調したい文字を太くしたり色を変えたりできました。ただTwitterやInstagramの文章は、色を変えることができません。だからその代わりに、僕はカギカッコを付けています。

また、おもしろかったマンガやアニメの感想をツイートするとき。タイトルにハッシュタグも付けてあげると、文字色が黒から青になるので見た目にもメリハリが付くし、同じマンガが好きな人とつながる可能性もある。

このつぶやきを作品の公式アカウントが見つけてRTしてくれたら、よりたくさんの人に自分の投稿を読んでもらえたり、第1章でも書いたようにビジネスにつながることだってあるかもしれない。

つまり、これから見る人に作品の見どころを簡潔にまとめつつ、最後に自分の感想を添えて、情報をスッキリと「編集」することがポイントです。

「三文字以上書くな」とバカにされて……　＼ポジティヴ返し！／

さらに、伝えたいことがあるときに必ずやっているのが、画像の貼り付け。

タイムラインには日々膨大な情報が流れていて、スマホの小さい画面を流し見していると、文字だけの投稿はどうしたって埋もれてしまいます。

僕がフォローしているアカウントに「1枚クイズ」(@ichimai_quiz)があります。文字通り、クイズが1枚の画像として投稿されていて、僕は毎日楽しく謎解きに参加しています。文字と違って画像だから、タイムライン上ですぐに気づくことができる。しかもクイズだから単純に楽しい。

すべてのツイートに画像を付けることは難しいけど、こんな心がけひとつで可能性が広がります。画像で説明できていればテキストは一言でもいいし、時間短縮にもなる。特に文章が苦手な人は、Twitterであっても、画像投稿を軸にテキストを考えてみてもいいかもね。

SNSは、自分の趣味や特技について時間をかけずにアピールするプレゼンの場。だからこそ「見やすく」「わかりやすく」を心がけよう。

09 言葉をデコレーションする

こまめな改行や短文、画像の貼り付けなどでレイアウトを意識したところで、中に書かれた言葉が誰かを不快にさせるものだったら、せっかくのこだわりも台なしです。

「気持ち悪い」という言葉ひとつとっても、面と向かって言われるのと文字で書かれるのとでは印象が違う。声や表情が伝わらない後者のほうが、同じ言葉でも冷たく伝わる感じ、わかるよね？

文字は受け取る人によって、さまざまな意味を持つもので、文章がうまくなくたって、語尾を「!?」とするだけでも変化をつけられるし、そこがおもしろいところでもある。口で言われたら傷つく可能性があることを文字化するときは、特に気をつけたいところ。まあ経験上、キツイ悪口を直接言われることほどしんどい状況はないけど（笑）。

強い言葉も絵文字でソフトにすれば不本意なイメージダウンを回避できる

SNSは遊びのツールです。書く内容は人それぞれ自由だと思っています。ただ、僕はそもそも、SNS上でネガティヴな感情を書くことに否定的です。

第1章で書いたように、自分の吐いた言葉は自分に跳ね返ってくるから。それらの言葉が自分を作り上げていくのだとしたら、ポジティヴな言葉が血となり肉となったほうが、健康的だし、周囲の人にもその言葉の持つパワーをお裾分けできる。つまり、みんながハッピーになる！

それでも、どうしてもネガティヴな感情を書きたくなったら、自分の意図に反した誤解を他人に抱かせないような配慮、工夫が必要です。誰か個人に対する気持ちであれば、その配慮と工夫のハードルはさらに上がります。

時間をかけずに簡単にできることといえば、「……」や絵文字を添えて和らげること。これだけで、まったく違います。「気持ち悪い！」ではなく、「気持ち悪い……」「気持ち悪い(T_T)」にしてみる。同じ感情表現でも、ソフトでまろやかな仕上がりになります。メールやＬＩＮＥでも同様です。

次のページの左下のツイートも、ぜひ参考にしてください。

「自分に酔いすぎ」とイジられて……　＼ポジティヴ返し！／

泥酔でございます！！

僕の結婚したい気持ちは超切実です！　ただ「結婚したいっす」と文字だけでダイレクトに書くと、中には引いてしまう人もいると思う。でも絵文字によってお茶目さが加わり、会ってみようかなぁという気持ちになってくれる人がいるかも……なんて（笑）。

SNSはプレゼンの場だからこそ、意図しないイメージダウンは極力回避したいもの。「……」と絵文字で、強めの言葉をくるもう。笑いながらツイートすれば、自然と適した絵文字が思い浮かぶよ！

Twitterより

けっ、けっ、結婚したいっす💒👰
もう、マッチングアプリとかに手を出そうかなぁ(^^)(^^)
出会い方にこだわってなんていられない。
恋愛は出会ってからも、大変なのに。
周りで子育て奮闘してる先輩、後輩、相方を見ていると、切実に思う！！

誰か私を幸せにしてくだせぇ〜^_^

10 何度でも伝える

先ほど、SNSはすさまじいスピードでタイムラインが流れていくというお話をしました。

だからこそ、1回だけの投稿では見過ごしてしまっている人もいるかもしれません。ちょうど自分のツイートのタイミングで仕事が忙しかったり、勉強に集中していたり、病院に入院されていたり、単純にSNSに飽きていたり、フォロワーの数だけ、生活スタイルも違いますし、タイムラインを見るか見ないかの事情はさまざまです。

つまり、自分が常に注目されていると思ったら大間違い!

ちなみに、Twitterのユーザー設定で、重要な投稿を優先的に表示させることもできます。見逃した可能性のあるツイートは、「ハイライト」の設定でログイン時にタイムライン上に表示させることが可能なんです。

そしてInstagramの「ストーリー」にも「ハイライト」機能がついています。本来は投稿から24時間後に削除される「ストーリー」ですが、この機能を使えば、ユーザーが残しておきたいストーリーを任意の組み合わせでプロフィールに保存できる仕組みです。

ただ、Instagramのストーリーは発信する側が残したい投稿を自分の気分や采配で表示できるのに対し、Twitterの場合、「ハイライト」として表示されるツイートは、Twitter上でRTされるなどして話題になった投稿や、過去に自分が返信、リツイート、『いいね』で反応したアカウントが優先して選ばれるのだそう。発信する側からすると、自分がどうしても何かを伝えたければ、普段からフォロワーの「いいね」をたくさんもらわないといけない。つまり「いいね」の数だけ「ハイライト」に表示される確率が上がるということです。

0を1にするために同じことを繰り返す

でも考えてもみてください。

「いいね」を普段からたくさんもらうのは、有名人でもない限り、ハードルが高いものです。第一、フォロワーにゴマをすったりしてまで共感を求めなくていい、ということは第1章でも書きました。

では、どうしたら確実に投稿をキャッチしてもらえるのでしょうか。

ここで僕はあえて、アナログな方法を提唱します。

本当に伝えたいことは、同じことでも何度も投稿する！「しつこい」「うざい」と思われることよりも、「伝えたい！」が勝っているかどうかがポイントです。

実際に、僕も自分が言いたいことは繰り返し投稿しています。それは「僕の伝えたいことを見過ごさないでほしい」という目的のほかに、もうひとつの思いがあるからです。

まだ見ぬ誰かに会うために、無限の可能性にかけてみようよ

例えば、テレビや劇場でやる僕たちの漫才。

ポジティヴ返し！

「ブサイク！って話しかけてもいいですか？」と言われて……

いいよ！声をかけてくれるだけで、うれしいもん！！

漫才に関しては毎回新作をお届けしたい気持ちもあるけれど、それもなかなか難しいので、過去のストックからネタを選んで劇場で披露することがあります。僕らのファンの方たちの中には「この漫才、昔も見たことあるぞ」と感じる人もいるでしょう。

もちろん、僕はファンのことがとても大事です。

一方で、その日初めてNON STYLEの漫才を見る人もいる。その人に、僕らのおもしろさ、そして井上裕介の魅力を初めて届けることにも、とても喜びを感じるんです。

SNSもしかりです。

ツイートする内容は同じでも、もしかしたら、その日たまたまタイムライン上を通りがかった知らない誰かが、自分のことを見つけてくれるかもしれない。

＼ ポジティヴ返し! ／

「100回しね」と罵られて……

その代わり、101回生き返る!!

存在すら知らなかったという人にも情報を届けられるのがSNSの魅力。本当にその情報を必要としている人に行き渡らないことほど、もったいないことはありません。

かつて一世を風靡した歌手、山口百恵さんは、名曲「いい日旅立ち」(作詞・作曲:谷村新司)で、こう歌いました。「ああ 日本のどこかに 私を待ってる人がいる」。

だから僕は、まだ見ぬ誰かに出会うために、今日もSNSで大切なことを伝え続けるのです。

11 自分のペースで投稿する

通勤時間や通学時間、ランチ休憩、夕食後、お風呂の中、就寝前など、ＳＮＳをチェックする時間は、人によってさまざまです。

株式会社AutoScaleが、Twitter１００万ツイートを分析し、時間別のツイート数、投稿人数のピークを調べました。

このデータによると、平日・休日にかかわらず、１日のうちツイート数・投稿人数が最も多くなるのは21～22時台。この時間帯に投稿している人たちの多くは、投稿だけでなく、当然、タイムラインも閲覧しているということ。

言い換えれば、自分のＳＮＳをひとりでも多くの人に見てもらいたいなら、21～22時台をねらって投稿すれば、その確率は高くなると推測されます。

Instagramもほぼ同様の動きだそうです。

伝えたい思いの熱量は時間がたつほど低下する

僕はと言うと、投稿する時間帯をあまり気にしていません。

例えば、あなたが深夜に失恋してしまったとします。本当は今すぐ友達に電話をして、つらい気持ちを聞いてほしい。慰めてほしい。でも夜中だし、もう寝ているかもしれない……。

だから友達に聞いてもらう代わりに、ヴァーチャルな憩いの場＝Twitterに「つらい」「悲しい」と今の気持ちを吐露してみた、これはこれでいいと思うんです。

こういう書き込みをすると、フォロワーの中には「こんな夜に……病んでいるとしか思えない」「かまってちゃんだな」などと感じる人もいるかもしれない。

ただ、そういう人には言わせておけばいい。投稿することで、つらさが少しでも和らぐなら、僕はどんどん投稿すればいいと思う。あなたはただ自分の気持ちを吐露しただけで、誰も傷つけていないのだから。

そうして投稿してみたら、偶然起きていた友達から「どうした？ なんかあった？」とリプライ（返信）や、コメントがきたらラッキーぐらいの感覚でやればいい。友達がつかまらなくても、寝て起きたら気持ちも落ち着いているはず。

「伝えたい」「聞いてほしい」という思いは、時間を置けば置くほど熱が低くなっていく。だからこそ時間を気にせずに投稿してもいいと思っている僕ですが、お酒の席でのSNSだけはあまりおすすめしません。

なぜならシラフの時よりも、判断力に欠けてしまうから。気持ちが大きくなった結果、つい仕事の機密情報をオープンにしてしまうこともあるし、言わなくてもいい悪口を書き殴ってしまうこともある。つまり、普段なら冷静に配慮と工夫すべきことを怠ってしまう。誰とは言わないけど、芸能界でも「あるある」です！

スマホに指からお酒を検知するセンサーがついて、酒気帯びツイートを防いでくれるような機能、誰か開発してくれないかなぁ？（笑）

お酒を飲んだら意識がなくなる、翌日は記憶がない……なんて人は、お酒の席ではスマホをそっとしまったほうが身のためです。

それよりも、親しい仲間とお酒を飲んでいるときこそ、リアルなコミュニケーションを楽しんでほしいと思います。

恋愛・結婚マッチングサービス「pairs」が調査した「こんな女子は飲み会で嫌われる！」というアンケートによると、「特定の男性とばかり話す」「特定の女性とばかり話す」を抑え「スマホばかりいじる」が嫌われる理由としてダントツの1位だったそう。お酒の席でのSNSで、職も友達も失わないように！


ポジティヴ返し！

140文字詰めで「バーカ…シネ…カス…」と罵られて……

この文章を作ってる時間で、誰かに優しく出来ますよ！

12

今を記録する

SNSでは日々大量の情報が流れていき、みんなそれぞれの趣味趣向で、旬なニュース、新鮮な情報を求めています。

「芸能人が結婚した」「ワールドカップで日本が勝利した」「電車が遅延している」。〝SNS以前〟とは比べ物にならないほど、リアルタイムで情報を手に入れられるようになりました。

2011年3月11日の東日本大震災のときには、安否確認や避難所に足りないものなど、テレビや新聞の報道では追いきれない、今まさに必要な情報がタイムライン上で飛び交っていました。一時的とはいえ、連絡手段として電話やメールをSNSのメッセージ機能が超えた瞬間でもありました。

目の前で起きている感動を文字や画像でお裾分けしよう

僕も、SNSで「今」を伝えること、記録することを大事にしています。

最近だと、スキー場で滑っている動画付きで「滑ってまーす！」と投稿しました。「スキーに集中しろ！」なんて声も聞こえてきそうだけど（笑）、本当にその瞬間が楽しくて、みんなにも知ってもらいたいという思いが勝ちました。

こうして僕はたまに、SNSを実況中継に近い感覚で使っています。

振り返ってみると、自分が今何をしているのかを表す「○○なう」という流行語が生まれたのはTwitterから。今では昔ほど使っている人を見かけなくなりましたが、「今」をみんなにシェアするということが、SNSの原点だともいえるのです。

だからこそ、たまにはSNSを始めた頃の初期衝動を思い出し、シンプルに「今」を伝えることの楽しさに浸ってみてはいかがでしょうか？

帰り道できれいな夕日を見た瞬間、水族館のショーでイルカが勢いよく跳んだ瞬間、公園で自分の子どもが自転車に乗れた瞬間、大きいウ◯チが出た瞬間、なんでもよいです。いや、写真はダメなものもあるけど（笑）。

今まさに自分の目の前で起きている感動を、文字や画像でみんなにお裾分け＝シェアしよう！

動画を投稿する前に各SNSの特徴を知っておこう

昔はテキストと画像しか投稿できなかったSNS。今ではどのSNSでも動画投稿ができるようになりました。

動画のいいところは、テキストや画像に比べ、情報をたくさん伝えられること。〝視覚〟だけでなく〝聴覚〟を通じた情報を伝えることもできます。このメリットを利用し、ここ数年、企業が自分たちのサービスや商品をプロモーションするため、SNS動画広告を利用するケースも増えてきました。

それぞれのSNSにおける動画投稿の特徴を頭に入れとこう。

僕はまだ使ったことがないのですが、数年前、Twitterの投稿画面に「ライブ」ボタンが追加されました。気軽に画像を貼り付ける感覚で、撮った動画をその場でアップすることができるんです。

このライブ機能、配信時間に制限がないこと、そしてライブ終了後に、配信し終わった動画をカメラロールに保存できるのも魅力です。ただし、配信している人の位置情報まで表示・特定されてしまうのがデメリット。「今」が大切と言いながら、今、自分のいる場所がバレると何かと困る僕がライブ機能に手を出さない理由はそこにあります（笑）。気になる人は位置情報の設定をオフにしてね。

また、Instagramには「ライブ動画」に加え、「ストーリー」という機能があります。8種類以上の撮影方法が選べるほか、撮った写真や動画にスタンプや文字、手書き加工などができます。動画を見た人は、それぞれにコメントを投稿することもできます。

僕も、沖縄国際映画祭のレッドカーペットの熱狂や、相方・石田が楽屋で黙々とけん玉を練習する風景などをリアルタイムで実況中継してきました。かけがえのない瞬間や何気ない日々の一瞬……今の自分が見ている素敵な光景をすぐにお裾分けできる動画。僕の投げキッスを、写真よりもクリアにお届けできるのも動画のいいところ♡

そして、テキストや写真と違い、動画は、発信する側の会話や表情、仕草、着ている服、食べているもの……すべてを映すことができます。

引っ込み思案な人、対人関係に不安を感じている人。リアルの場で人に会うのが苦手なら、使い方次第でユーザーとリアルに近いコミュニケーションが取れる動画で、直接会う前のシミュレーションをしてみるのもいいかもね！

「イライラするからテレビ出るな」と罵られて……

ポジティヴ返し！

おもしろくない！テレビ出るな！って言えるってことは、結局僕が出てるテレビを見てるんじゃないですかぁ！！好きなくせにぃ。

Inoue Tweet Selection ②

井上裕介

背が低くたっていいんだ！！
背が低いからこそ、より高いところに
手を伸ばせる方法を必死で考える。
その時、背の高い人より、高い場所に手が届くことだって
あるばすだと、僕は信じてる！！

井上裕介

『ブサイク』『気持ち悪い』『嫌い』っていう言葉を、
今まで何回言われて来ただろう。
そして死ぬまでに、あと何回言われるのだろう。
出来ることなら、自分が言われて来た言葉も、
自分が言ってきた言葉も、『ありがとう』が一番多い
人生でありたいなぁ。 毎日ポジティブで頑張ろう！

井上裕介

もしも、タイムマシンがあったら未来、過去、
どちらに行きたいですか？僕の答えは、
どちらにも行かず、今を生きる。
それくらい充実した毎日を送りたいもんだ。

井上裕介

時折。
何もかも投げ出して逃げ出したくなるときがある。
でも、そんなとき、僕を引き止めてくれるのは、
いつも優しく見守ってくれてる父や母であったり…
力をくれる友や仲間であったり…
なにより一番は…いつも応援してくれてる、ファンなのである!!

井上裕介

ありがとう。
たった五文字で繋がる道がある。
ごめんなさい。
たった六文字が言えずに切れる道もある。
気持ちは言葉にしないと伝わらない。

第３章

飾りすぎない

リアルな自分をプロデュースする

13 特技で勝負する

ＳＮＳが普及し始めた頃、TwitterやIntagramの人気のアカウント・ランキングは、ほぼ芸能人やモデルが独占していたものでした。その投稿を通して、テレビを観ているだけではわからなかった一面を知ることができたり、プライベートな写真を見て、彼らを身近に感じたりすることができたり。ファンクラブなどと違って、ＳＮＳのフォローは無料でできるもの。その投稿内容のおもしろさしだいでは、ファン以外の人たちも気軽にフォローするので、魅力的なアカウントは、結果としてフォロワーがどんどん増えていきます。

ただここ数年、一般のアカウントでも芸能人並みのフォロワー数を持つ方が増えてきました。

例えば、柴犬まる（@marutaro）。

２０１８年の国内Instagramユーザーランキングでは、渡辺直美やＲＯＬＡさん、山田孝之さんなど人気芸能人がずらりと並ぶ中、まるは21位を獲得。犬界、いや、ペット界ではぶっちぎりの1位です。

Instagramでは、飼い主さんの愛情たっぷりに育つ、まるが散歩している姿、寝ている姿……と、なんてことない日常が綴られています。口角がキュッと上がり、笑っているように見える顔も大人気。日本よりも海外のフォロワーさんが多いのだそうです。そう、まるの笑顔は海を超えたのです。

ちなみに僕のモットーは「ブサイクだと思うなら、笑顔の回数ランキングで1位をとろうよ」。これまで出してきた本や日めくりも、トレードマークの笑顔を表紙にしました。小さい頃からおばあちゃんに「ゆうちゃんの笑顔は最高だね」と言われ続けてきたので、ある意味まるはライバルですが、フォロワー数は完敗

「ブスはそこそこな奴等としか付き合えない運命」と
言いがかりをつけられて……

＼ポジティヴ返し！／

そう思ってたら、そういう人生しか送れないですよ。

少なくとも僕は、そうは思ってません！！

1 『[日めくり] まいにち、ポジティヴ!』
2 『[日めくり] まいにち、ポジティヴ・ラヴ♡』
3 『スーパー・ポジティヴ・シンキング 〜日本一嫌われている芸能人が毎日笑顔でいる理由〜』
4 『マイナスからの恋愛革命 ― スーパー・ポジティヴ・シンキング Chapter of Love ―』(すべてヨシモトブックス)

です（笑）。恐るべし、まる。

そして、元ギャルモデルの専業主婦まこつさん（@yuko.makotsu）。

彼女が投稿しているのは、旦那様への愛妻弁当。ただこのお弁当、一味違います。有名企業のロゴや、柔軟剤やドッグフードといった商品パッケージを再現した〝デコ弁〟で、インパクトがすごい。今すぐ本を閉じて検索してみてほしい。その超絶クオリティが話題を呼んで、『愛と憎しみを込めた旦那への猟奇的弁当フタを開けたらつい笑っちゃう！企業弁当＆おかず150』（KADOKAWA）として書籍化もされました。

そして、こんな僕だって今回で3冊目の本を出版できたわけだから、夢がありますす（笑）。

テーマ決めは、恋愛における自己アピールに似ている

柴犬まるとまこつさん、２人の投稿に共通しているのは、憧れのセレブ生活でもなんでもない、ごく平凡な日常を切り取っていること。

そして、ペットやグルメは、Instagramでも特に人気のテーマ。ライバルがたくさんいます。そんな中、２人は〝どこか笑っているような犬の顔〟〝クセの強いデコ弁〟という「これだけは他人とは違う！」というポイントに照準を絞ってライバルと差をつけ、ブレずに投稿を続けているのです。

SNSで〝自分のテーマ〟を決めること。それって、恋愛における、モ

テないヤツが「どうしたら自分はモテるようになるのか」という、自分への問いかけと似ているように思うんです。

僕の中学・高校時代、クラスで超イケメンの人気者がいました。

一方、ブサイクだということを認識していた僕は、彼を見ながら「コイツに顔で勝てないんやったら、何で勝てるんやろ」ってずっと考えていました。勉強なのか、スポーツなのか、優しさなのか――そこからひたすら人間観察をし、たどり着いた結論は「コイツにない能力を磨けばいいのか！」と。ブサイクでもイケメンに勝てる方法を模索したんです。

僕は歌がうまいほうだったので、そこに照準を絞りました。もちろん、イケメンで歌がうまい人には勝てないけど、イケメンで音痴のヤツにはカラオケに行けば勝てるかもしれない。そういう闘い方をしていました。

こうして自分を模索し、分析していく日々を過ごしていた僕。そんな僕がSNSで見つけた武器が、Twitterの〝ポジティヴ返し〟であり、Instagramでの〝男の自撮り〟だったのです。

あなたが使いこなせる武器は意外とすぐそばにある

春秋時代の中国の思想家、孔子という人は、論語の中で「物事を心から楽しめている人がいちばん強い」と言ったそうです。知識や知恵をたくさん持っている人より、毎日のあらゆることを楽しむ人のほうがすごい、と。

あなたがSNSの目的を模索しているなら、肩肘を張らず、毎日楽しめるようなものから選んだほうがいいです。なぜなら、その楽しむ力こそが、他の人たちから見て特別なエネルギーに映るはずだから。

そして自分が楽しいと思えることは、必死に努力したり、お金をかけて手に入れるものではなく、意外と身近にあるということ。趣味といえるものでなくてもいいと思うんです。コンビニに行くのを日課としているなら、コンビニの食材でワンコインレシピを提案し続けるのでもよいと思う。

そして武器を見つけたら、とにかく続けるべし。

些細な日常が、続けていくうちに特別な何かに転じる瞬間があるかもしれない。

ＳＮＳは、そんな可能性を秘めた場所でもあるんだよ。

＼ポジティヴ返し！／

「見てたら目が腐る」と罵られて……

日本のみんなに愛されてる納豆も腐ってるよ。

14 嘘はバレると思え

スマホが普及し、内蔵カメラの性能も格段にアップしています。

写真加工の精度も上がっていて、撮った写真を明るくする初歩的な機能だけでなく、被写体の目を大きくしたり、顔の輪郭を細くしたりできる整形アプリまであるようです。もはや詐欺では？　とにかくすごい時代になりました。

僕はというと、プロフィールのアイコンや日々の自分の画像には、手を加えていません。

僕は芸人なので、顔が世間にバレている上、ブサイクキャラで認知されてしまっているので嘘のつきようがないですが（笑）、無加工投稿は、ＳＮＳをやる上での、僕の最大のこだわりといっても過言ではありません。それだけ加工している人が多く、その行為自体が、僕の投稿の〝フリ〟になっているんです。

例えばグルメ本を読んでいたら、おいしそうな料理があったので、その店を予約したとします。

行くまでは自分の中でハードルがどんどん上がっていったものの、実際に食べてみたら、期待しているものとは少し違った……という残念な経験をした方、多いのではないでしょうか。すべての店に当てはまるわけではないけど、照明を作り込んだり、盛り付けを撮影用に工夫したりと、プロの料理写真家の技術のおかげで、実際の料理が2割増し、3割増しでおいしそうに見えるということもあると思うんです。

いつかはバレる嘘を重ねるほど、本当のあなたに対するハードルが上がる

ＳＮＳでもそうです。

人間誰しも自分をよく見せたい願望、あると思うんです。

TwitterやInstagramで、不特定多数の人から「いいね」をもらおうと写真を加工している人もいるかと思います。

でもそれって、これから先、相手と実際に会うときのことまで考えているのかなぁ？

僕は大前提として、ＳＮＳで「この人、素敵だな」「どんな人か気になる」「お

話してみたいな」と思える人と出会えたなら、リアルの場でどうしたら会えるかを考えるべきだと思っています。

ただ写真を過剰に加工し、嘘をつき続けていることで向こうのハードルが知らず知らずのうちにどんどん上がってしまい、実際に会った瞬間「期待していた人と違う！」と幻滅されたら悲しいし、前述の整形アプリなどを使って、自分を〝盛って〟いたら、なおさら会いづらい。

逆に、嘘をつかずに写真を公開して、それでも会ってくれる人って、こちらの見た目はもうクリアしているから、あとは印象が上がるように努力すればいいだけ。写真で嘘をつかず、ありのままでいたほうが、恋愛プロセスとして健全だと思うんです。

僕も、ありのままの自分をフォロワーにお届けしたくて、SNSに「彼氏とデートなように使っていいよ」「おれの腕枕で寝てみない!?」といったコメント付きで

「地球から去れよ」と罵られて……

＼ポジティヴ返し！／

宇宙レベルの存在ってことですね。

加工なしの写真をどんどんアップしています。ヒゲの剃り残しがあったって、二重アゴになっていたって、まったく気にしません。これがベッドの上でのリアルな僕。「生々しい！」「臨場感が増す」と一部で話題騒然になり、インターネットの記事に〝インスタ映え〟ならぬ〝インスタ萎え〟とまとめられたこともありました（笑）。

Instagramより

彼氏とデートなう、に使っていいよ(≧∀≦)

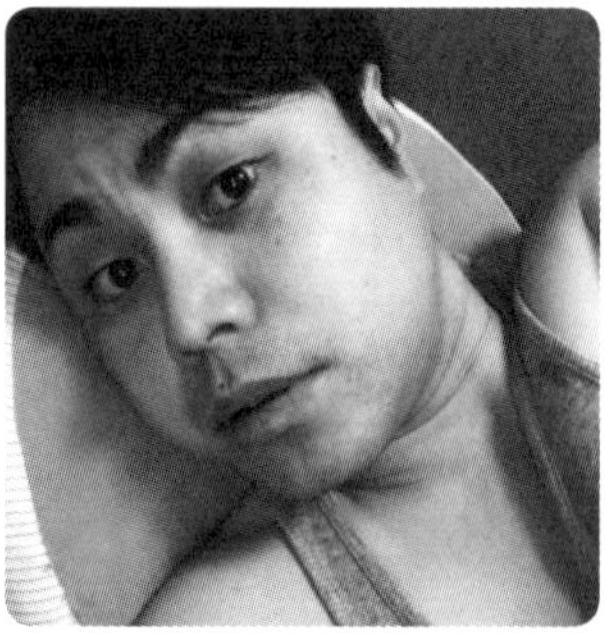

おれの腕枕で寝てみない !?

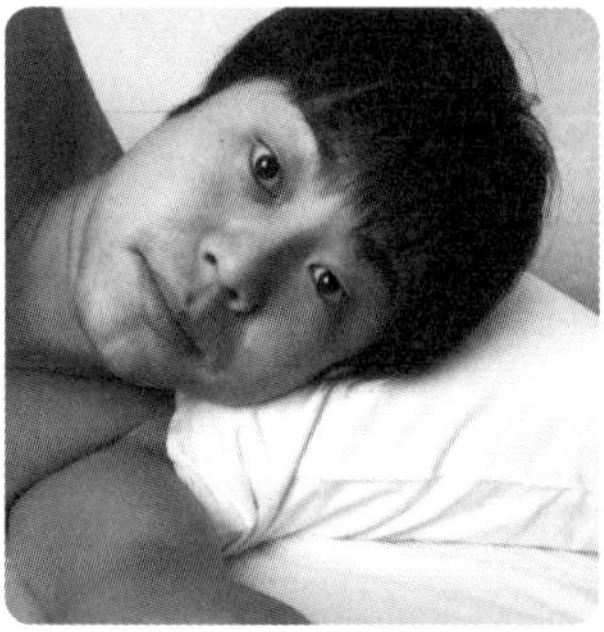

2017年にSNS上でブームになった「彼氏とデートなう。」。僕も渾身の1枚を投稿したんだけど、「それ自撮りなう」「それ添い寝なう」と各所からツッコミが入ったほか、「もうちょっとデート感がほしい！」なんていう愛のあるお言葉もいただきました。彼氏っぽい写真を撮るってなかなか難しいね。

写真の加工に時間をかけるぐらいなら現実世界をもっと楽しもうよ

そして僕が写真の加工に否定的な最大の理由は、そこに10分、15分と時間を割くのがもったいない！　これに尽きます。

ハワイのビーチを見てください。

澄み渡る空。どこまでも青い海。誰がどのカメラで撮ろうが、どんな角度で撮ろうが、きれいなものはきれいなんですから。加工なんてしたら、ありのままで十分美しいハワイのビーチに申し訳ない。もちろん多少の誤差はあると思いますが、本当にいいもの、素敵なものを届けるには、時間をかけないほうがいいと思うんです。加工にあれこれ時間をかけるぐらいなら、スマホを置いて、1分1秒でも長くハワイの風を感じてほしい！

「空気読めへん奴」とバカにされて……　＼ポジティヴ返し！／

空気読めない人っていうのを、
空気を読んで演じているのだよ。

そうして現実を繕うことに時間をかけて勝ち得た不特定多数の「いいね」は、あまり意味がない。このことは第4章で詳しく書きます。

Instagramの投稿を見ていても、アーティスティックな世界観を追求しすぎていたり、写真を盛りすぎている人は意外とすぐバレます。その人の嘘が多ければ多いほど、「この人って自分に自信がないのかな」と勘繰ってしまう。

「写真を加工しない」なんて、技術がどんどん進歩する今の時代からは逆行している考え方かもしれません。でも僕が言いたいのは、あまりにも加工が強すぎて、リアルから目を背けたり、自分自身の生き方を否定するような嘘だけはつかないでほしい。やがてそのギャップが自分を苦しめ、SNSに振り回されます。

あなたはあなたのままで、十分素敵だから!

Instagramより

NO MORE 加工!

井上裕介 Instagram写真コレクション

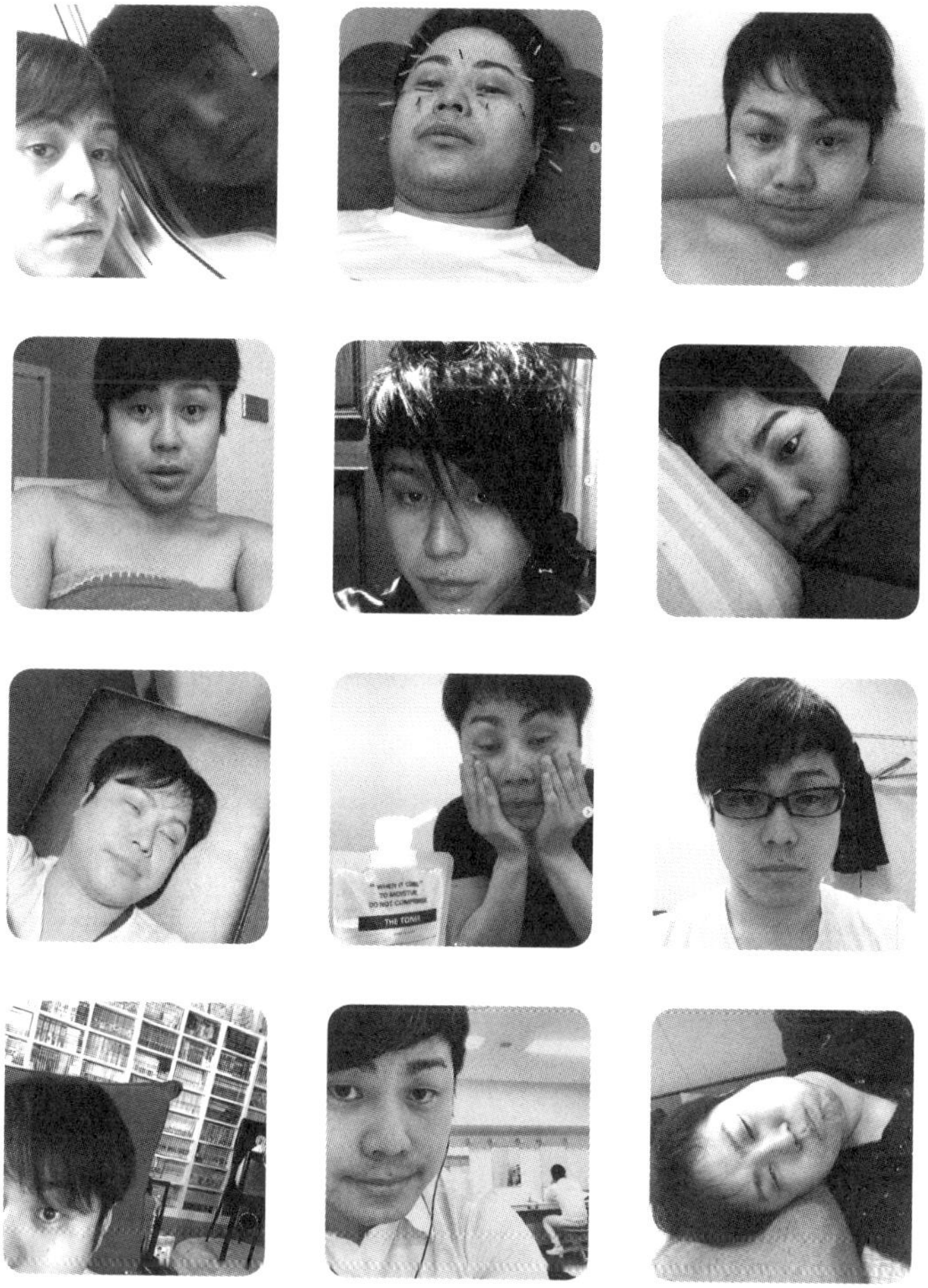

移動中の車内や楽屋、自宅、メンズエステ……撮る写真はどれも加工一切なし。
僕から放たれるオーラこそが、僕を輝かせる最高の照明になります。

15 本音をポロリする

みなさんは、SNSで自分の本音をどのぐらい吐露していますか？

仕事や恋愛の悩み、将来に対する漠然とした不安などなど。

僕は、SNSというお互いの素性がわかりにくいインターネット上のサービスだからこそ、多少の〝人間味〟が必要だと思っています。

夕方に「今日の夜は合コンです」と書いていた女の子が、深夜に「人に頼るのはもうやめよう。自分の道は自分で切り開かなくちゃ」と書いていたら、読むほうは「あぁ、合コンで何かあったんだろうな」と推測しますよね。しかもその子が、普段はバリバリのキャリアウーマン風のツイートをしている人だったら、その本音を通して「完璧な人でも失敗するんだな」みたいに親近感が増して、この人のことをもっと知りたいと思うようになる。そんな落ち込んだ投稿にも多少のユーモアを盛り込めれば、なお親近感が湧きます。この本音のつぶやきが、見ず知らずの彼女の〝人間味〟につながるのです。

本当に強い人間とは弱さもさらけ出せる人のこと

僕自身はというと、仕事の話や漫画の感想、後輩と飲みに行った話など、主に報告系の投稿が多いのですが、たまに本音をポロリすることがあります。そんな投稿もスーパー・ポジティヴな思いがベースです。

ニュースについての個人的な考えから、仕事に対する姿勢、自分の人生の振り返りに至るまで、39歳、等身大の井上裕介としての姿がそこにあります。

Twitterでの本音のつぶやき

Twitterより

誰かを笑顔にするために、誰かの笑いのために、裏で努力して涙を流せる芸人という仕事は素晴らしい。
改めて、そう思わされた。

なかなか人生思い通りにいかないねぇ。
だから、日々頑張り続けないとやね。
２０１９年は、もっともっと楽しい１年になるように頑張ろうっと。
名古屋とか福岡とか北海道とか、東京じゃないとこでレギュラー番組やりたいな。
結婚もしたい。
声の仕事もやりたい。
２０１９年もやること、いっぱい。

イジりとイジメは紙一重。
僕も、誰かをイジることはある。
その数十倍、イジられることがある。
笑いのためにイジることは必要だと思うし、
笑いのためのイジメはあってはならない。
難しい線引き。
要は、イジる側もイジられる側も、お互いを尊敬しあえるかが大切。
信頼関係こそ笑いの原点だと思う。

仕事で日々忙しくしていても、心の声と向き合う時間は、僕にとってとても大切。初心に戻るために、たまに自分の投稿を振り返ったりもしています。そして「今年は○○するぞ!」「○○したい!」みたいに、やりたいことをSNSで宣言してみるのも日々の心がけのひとつ。「有言実行しなきゃ!」というモチベーションにもつながると思うから。

〝人間味〟が伝わることでぐっと魅力が増すのは、ミュージシャンにもいえることです。尾崎豊さんの曲がかっこいいのは、彼自身の生きざまが歌詞にも表れているから。福山雅治さんの歌が素敵なのは、あれだけモテてきた人だからこそ「家族になろうよ」のシンプルな歌詞が胸に突き刺さってくるから。

「ネガティヴなことをＳＮＳに書くのは否定派」だと書きました。

でもそれは誰かの悪口を書き殴るのはよくない、という意味であり、自分の至らなさを吐露することとはまた別。マイナスな感情を文字に書き出すことで、自分を見つめ直すことができたり、冷静になれることもあるかもしれない。発信の仕方によっては、その本音が、まったく知らない誰かへの励ましになったりするかもしれない。「つらいのは自分ひとりじゃないんだ」と。

本当に強い人というのは、弱さもさらけ出せる人のことだと思います。
虚勢を張らず、飾らず、たまには自分の心の声と向き合おうよ。

＼ポジティヴ返し！／

「フォロー外した」と言われて……

今までフォローしてくれて、ありがとう！！

16 自撮りにこそ遊び心を

〝自撮り〟ブームが生まれたのは、2010年頃といわれています。海外でも〝セルフィー〟という呼称でブームになりました。

端末の両面にデジタルカメラが搭載されたiPhone 4が発売され、誰でも簡単にインカメラでの写真が撮れるようになりました。また、Instagramが始まったのもほぼ同じ時期。この2つにより、人間特有の〝承認欲求〟(誰かに見てほしい、認められたいという欲求のこと)をいつでもどこでも満たしてくれる表現として、SNSの自撮りが一気に浸透しました。

僕が思うに、自撮りにも〝ルール〟が必要です。

この間、SNS上にあふれるたくさんの自撮りを見ていて、昔テレビでやっていた一般人対抗カラオケバトルを思い出しました。

自分は歌に自信があるから出場したけれど、周りにはうまい人がたくさんいる。

そして結局は、審査員の好みで結果が左右されてしまう。

ただ負けてしまったとしても、＝（イコール）歌が下手だと認定されたわけじゃないと思うんです。

フラットなタグ付けは、新しい出会いへの片道切符だ

自撮りも一緒で、自分の容姿を認めてほしい人がタイムライン上にたくさんいます。見た目のタイプなんて、千差万別。受け取る側にそれぞれの好みがあるからこそ、自分のことを「かわいい」「かっこいい」と思ってくれる人に確実に自撮り写真を届けたいですよね。

確実に届けるための片道切符のようなものが〝ハッシュタグ〟です。

当たり前ですが、「#イケメン」「#美女」などとタグ付けするのはとても危険。見た人の趣味嗜好によってはがっかりさせるし、最悪の場合には「騙された！」と叩かれてしまう可能性だってある。かといって「#可愛くない」「#ごめんなさい」と妙にへりくだるのも、「そんなことないよ〜」を待っている感じがして反感を集めそうです。いわゆる〝かまってちゃん〟というやつです。

だから僕は「#メガネ男子」とか「#ポニーテール」とか、自撮りの状況に対してフラットなキーワードのタグ付けをおすすめします。「#久しぶりに自撮りしてみた」など、フォローする文章にハッシュタグを付けて遊ぶ方法もある。

あなたも相手も傷つかない遊び心と冷静な視点が大切なんです。

「吐き気がするほどきもい」と罵られて……

ポジティヴ返し！

キャベジンの売り上げに貢献しよう！！

アップする写真の主役は必ずしも〝自分〟ではない

「自分のアカウントなのだから、自分の写真を載せて何が悪い！」という声もあるかもしれないけど、SNSは多くの人の目に触れることを忘れてはいけません。あまりにも自分を主張しすぎると、突っ込まれる対象になってしまいます。この僕が良い例です(笑)。

そんな僕なりに、自撮りで叩かれないためのルールを考えてみました。

よく叩かれやすい例として、ペットと一緒に映っている写真。肝心のペットはまったくこちらに目線をくれていなくてぐったり。その代わり、キメ顔の自分だけが際立っていたり。

友達との2ショットでも、自分だけがかわいく・かっこよく写っている写真を投稿したら、見ている人は引いてしまう。

だから自撮りをするにしても、自分だけが主役にならないような写真の構図を意識する必要があります。

上の写真は、ハワイに行ったときの僕の自撮り。景色と完全に同化している構図でしょう？　いや、やっぱり僕のほうが目立っちゃってるか（笑）。

Instagramより

ハワイの写真には「#大喜利」「#一体何を言っている顔」「#罵詈雑言」「#面白回答」「#なんでもお待ちしています」とタグ付け。さっぽろ雪まつりは流石のクオリティに圧倒されました。

下の写真はさっぽろ雪まつり。雪像を見てほしいから、自分の顔はバッサリ。
特にInstagramは何枚もの写真をスライドさせられる機能が付いています。1枚目は景色や建物だけ、2枚目、3枚目とスライドしていったところに自撮りを載せる方法も。並べ方次第で、あなたの主張はだいぶ弱まります。

自分を切り捨てる潔さも大事だし、迷ったときは「嫌みはないか」「ユーモアはあるか」を問いかけてみると答えは出せるはず。

＼ ポジティヴ返し！ ／

「地獄に消えろ」と罵られて……

おれが地獄に行くと、天国に変わっちゃうよぉ ^_^

17 チャンスの種をまく

SNSをきっかけに、小説家デビューするケースが増えているそうです。

例えば、燃え殻さん（@Pirate_Radio_）という方。普段はテレビ番組の美術制作に携わっているサラリーマン。ご本人いわく、深夜ラジオのような感覚で「Twitterに投稿していたら、その叙情的なつぶやきが注目され、〝140文字の文学者〟と呼ばれました。その後、2017年に初の小説『ボクたちはみんな大人になれなかった』（新潮社）が発売されました。

燃え殻さんからしたら、決して誰かに評価してもらいたくて書き始めたわけではなく、自分の心の声を思うままに書き連ねていたら、自然とみんなの心に刺さった。それって、素敵なことです。「SNSから生まれたシンデレラストーリーだ！」と思いました。

そして燃え殻さんが例えたように、確かにSNSでの投稿は、ラジオ番組のハガキ投稿に似ている。自分の言葉が、電波に乗って多数のリスナーに届く。かつては誰かとつながることのできるコミュニケーションツールが一枚のハガキだったわけです。それが今では、Twitter、Instagram、Facebookなど多種多様なSNS、そしてLINEが普及したことによって、誰かとダイレクトにつながるチャンスが増えました。と同時に、燃え殻さんのように、作家として新たな世界が広がるチャンスでもあります。

「SNSはやらない」とこだわっている方。それはそれでいいと思うんです。ただチャンスがゼロよりは、ひとつでもあったほうが目標達成への近道になる。1個の種でひとつの花を咲かせようとするより、たくさん種をまいていたほうが、そのぶん咲く花も増える。SNS全盛期の今、そのチャンスの種を世の中にたくさんまけるということ。だったらひとつでも多く、その種を手にしておこうよ！

「NON STYLEの面白くないほう」とバカにされて……

＼ポジティヴ返し！／

じゃあ、相方を面白いと思ってくれているのでオッケー!!

18 出会いを生かす

これまでも書いてきたように、ＳＮＳ上にはたくさんの出会いのきっかけがある。僕にとっては、どんな出会いも財産。その出会いを生かすも殺すも、自分の心持ち次第です。

同じことが恋愛にもいえると思います。

「インターネット上で出会いを求めるなんて怖い！」なんていう考えはもう古い。実際、「楽天ウェディング」が25歳〜39歳の既婚男女を対象に「パートナーに関する意識調査」をしたところ、女性がパートナーと出会ったきっかけは、「職場」「友人の紹介」「その他」に次いで「ＳＮＳ」が多かったのだとか。そう、まったく恥ずかしいことなんかじゃないんです！

知らない人とSNSを相互フォローしたとして、その後ダイレクトメールを送り合う。10回ぐらいやりとりをしたら、自然と「じゃあ、LINE交換しません？」という展開になる。そうしてLINEを交換してから、1週間ぐらいやりとりをした後、「どこかにごはん食べに行きません？」って自然な流れで誘えばいいと思うんです。

結局ナンパもSNSも、会ってしゃべるということでいうと〝初めまして〟なわけです。ナンパはいきなり出会うところから始まるので警戒しがちです。一方のSNSは、お互いの警戒心を段階を踏んで解いていくことができるし、その人のタイムラインを見れば、なんとなく相手の人となりもわかる。

今は出会い方をいちいち気にするような時代ではありません。だから気になる人を、リアルの場に連れ出そうよ。だって恋愛で大切なのは、出会ったあと！関係を築くための努力こそが醍醐味なのだから。

19 写真を語るな、添えろ

僕が独身女性からよく聞くSNSの悩みは、「友達に子どもができると、Instagramが子どもの写真ばかりになって、結婚もしていない自分はそれを見るのがつらい」という声。しかも、友達だからフォローも外せなくて悩んでいる、というものでした。

見たいなら見る、見たくないなら見ない、遊びのツールだったはずのInstagramが、いつから人間関係の悩みの対象になってしまったのか。

僕は、Instagramなら本来写真だけを載せれば十分だと思います。そこにテキストを載せられるせいで、一枚の写真に投稿者が意図的にもたせた意味が生まれ、発信の仕方次第では、嫉妬の感情が生まれてしまうのです。

小学生に140文字詰めで「気持ち悪い…」と言われて……

ポジティヴ返し！

これで、テストで気持ち悪いの漢字問題も大正解やね。

一輪の花が映っていたとします。そこに言葉が何もなければ、受け取る側はいろいろな想像をします。その解釈には、正解も不正解もない。

ただそこに「大好きな恋人にもらった」というテキストが載っていたら？　さらにはその花がいかに高価なものかまで説明されていたら危険です（笑）。「素敵！」と思う人もいれば、「自慢？」と受け取る人もいるでしょう。

美術館の展示品に添えられた解説は、必要最低限の情報だけで余計な説明はありません。説明しすぎないことの美学がそこにあります。

SNSも、テキストを極力少なくして写真を投稿すれば、その写真の背景にある物語は見るほうの判断に委ねられる。重要なのは、誤解を与えないか、ねたみを生む投稿を連発していないか、冷静に考えてみることです。

ポジティヴなものだけでなく、加工も主張も嫌みも、1枚の写真には意外と多くのメッセージが含まれている。見る側もバカではないし、大体は汲み取れます。一言添えて補足する程度が、いちばん誤解の生まれにくい投稿の仕方なんです。

井上裕介

芸能界に入った時に叶えたかった夢。
1. アニメ、映画の声優のお仕事をする。
2. 冠番組の司会。
3. 漫才チャンピオン。
4. ドラマ、映画に出る。
5. コント番組のレギュラー。
6. 芸能界の人と、お付き合い。
7. 漫画のキャラで登場。
8. 親に旅行をプレゼント。
9. 結婚して幸せになる。
全部叶えるぞ！

井上裕介

夢物語。叶うことのない、絵空事。
でも、その夢物語を飽くなき努力で追い続けなければ…
その夢物語は、いつかきっと１つの物語に変わる。

井上裕介

泣くのを我慢するのはやめよう!!　泣かない事が強さじゃない。
時には、泣くことが強さなことだってあるんだから。
それに、泣いた数だけ笑いは訪れると思うよ

井上裕介

知らない人でも、目と目が合った瞬間に、
『ニコッ』ってされると好きになっちゃう可能性あるよなぁ。
ってか、『ニコッ』ってされて嫌な気持ちになる訳がない。
それだけ笑顔って、人を気持ち良くさせる魔法なんだと思う!!

井上裕介

好きな人と手を繋いで歩く。お金は１円もかかってないのに、
心はお金では買えない幸福感に満たされる。
それくらい、好きな人っていう存在って大きいんだなぁ。
結ばれる結ばれないってことは関係ない。
片思いであれ、憧れであれ、二次元であれ、
好きな人がいることで、人生満たされるんだなぁ。

第４章

はしゃがない

いつか何者かになるために

20 半分はスルーする

〝SNS疲れ〟。ここ数年、よく耳にします。

mixiの時代は、日記を投稿して5分以上、誰からもレスがないと落ち込んだり、逆に、新着コメント到着を示す赤い文字に舞い上がったり、「足あと」を頻繁に確認しては、「あの子、日記を見ているのにコメントをくれない！」とヤキモキしたり。初めて頻繁に交わしたネット上のコミュニケーションに振り回されることも多かった。

そうしてmixiに依存しすぎた人たちは「匿名で自由にやりたいから」Twitterを、「実名で人脈を増やしたいから」Facebookを始めました。

ただTwitterはTwitterで、フォロワーの増減に一喜一憂する。自分の書き込みに対して、周囲の反応がないことに落ち込む。そしてFacebookは、実名で使うがゆえに、職場の人や取引先の人が友達申請をしてくると断れず、気楽な内容が書けなくなってしまうというジレンマにも悩まされます。

気づくと、リアルな日常のストレスから解放されたくて始めたSNSも、使っているうちにストレスフルな暮らしに逆戻り。それどころか、人との格差を毎日目の当たりにして、うつになってしまう人もいるとか。もはやSNS疲れは、臨界点を迎えているような気がします。

SNS疲れからの脱却に必要なのは〝スルーする勇気〟

まずフォロワーや「いいね」の数を気にしすぎて落ち込んでいる人へ。

小説『火花』（文藝春秋）で芥川賞を受賞した又吉直樹という男がいます。彼は芥川賞を取る前から、雑誌でコラムを執筆するなどコツコツ文章を書いていました。そして小説処女作『火花』で賞を取ったことで、世間に彼の才能が知れ渡ることになった。その受賞をきっかけに「火花」だけでなく、彼がずっと書きためていた過去の文章までも、オセロが黒から白に変わるように次々と評価され始めたんです。知る人ぞ知る文才の持ち主だった又吉が、結果を出して、一般層にまでその良さが理解されたわけです。SNSで例えるなら、ずっと「いいね」がつかなかったけど、ひとつの投稿がバズった途端、フォロワーが増え、過去の投稿にも「いいね」してもらえるような感じ。だから超ポジティヴに考えれば、今、フォロワーや「いいね」が少ないのは、世間がまだ〝あなた〟という原石を見つけていないだけともいえる。そう、数に振り回されないでほしい！

そして、SNSを「真剣にやらないこと」、これも僕が心がけていることのひとつ。僕にとってSNSは、あくまでも自分の人生を彩る遊びの一部でしかありません。

「ファンまで変なんか？」とバカにされて……

ポジティヴ返し！

おれの悪口は言っていいよ。でもファンの悪口は許さない。

とりわけTwitterが普及した当初は、「つぶやき」というどこかかわいらしい、カジュアルな表現が使われていたものでした。そう、本来のTwitterは、ただの〝独り言〟のはずなんです。だからこそ、僕は誰かの投稿をマジメに受け止めることはないし、悪口がきてもヘコみません。しょせんSNSですから！

真剣に受け止めない。つまり、SNSに疲れているあなたに必要なのは、〝スルーする勇気〟です。幸い、TwitterもFacebookもInstagramも、mixiと違って足あとが残りません（インスタのストーリーには残るけど）。「投稿には必ず反応しなくてはならない」というルールもない。すべてを読む必要もなければ、すべてに「いいね」をする必要もないんです。感覚として半分くらいはスルーしていい。ただし、友達は例外です。このことは、P132で詳しく書きます。

とにかく、SNS上の人間関係で頭を悩ませる必要はない。リアルな日常の〝おまけ〟のようなもの。だからこそネット上で一喜一憂しすぎないことが大切です。

21 何者であるかを問う

SNSというオープンな場で、自分の行動や考えをたくさんの人に知ってもらえるようになりました。そのことで、「他人よりもすごいことを成し遂げたい」「実は、自分には特別な才能がある」という、そんな理想の自分に対する承認欲求が、一人ひとりの中でさらに巨大化してしまったように思うんです。それが、SNS疲れを引き起こしているもうひとつの要因。

ひと昔前、僕たちの中心にはテレビがありました。テレビの中のスターは「手が届かない」雲の上の存在でした。

でも、今はインターネット社会。個人が気軽に発信できるメディア＝SNSも多種多様になり、自分で作り上げたネット世界ではスターの気分も味わえる。〝何者か〟として輝ける時代になったんです。

SNSでの成功を次のステージにつなげる

フォロワーを何万人と抱えるインスタグラマーと呼ばれる人たちがいます。昔のテレビスターと違う点は、「手が届きそう」な感じをみずから演出し、見ている人たちとの距離がとても近いということ。

そんな身近な親近感は、ひと昔前にブームになった〝読者モデル〟を彷彿させます。ただ、ここで僕は、炎上するかもしれないことを承知で皆さんに問いかけたい……。かつて読者モデルと呼ばれていた人たち、その後、何人の方が活躍していますか？

mixiの人気が下火になったように、いずれInstagram全盛期にも終わりがくるでしょう。そのとき、インスタグラマーもろとも、お役御免になりそうな気がするのは僕だけでしょうか。
また、若者に人気のショート音楽動画共有アプリ、TikTok（ティックトック）にもフォロワー210万人超を誇る人気者がいます。弱冠12歳のひなたちゃん。コロコロ変わる表情が僕もメロメロなくらいかわいらしい！ ただ、TikTokそのものの人気が低迷してしまったらどうなるでしょうか？ ひなたちゃんの今後が、おじさんはとても心配です。いつか人気者としてのハシゴを外されてしまう前に、勉強や部活もがんばってほしい。余計なお世話ですね（笑）。
前の章で紹介した、SNSをきっかけに小説家デビューを果たした、はあちゅうさんや燃え殻さんのように、SNSを、ある意味で〝踏み台〟にし、もっと大きなことを成し遂げたい！という心意気ならいいんです。
ただSNSを自分の生活の中心に置いてしまうと危険。SNSはしょせんネット上のサービスです。はやったものはいつか終わる可能性がある……。自分を見失わないためにも、もっとリアルを大切にしようよ。

ポジティヴ励まし！

めげない秘訣を聞かれて……

一度きりの人生、めげてる時間がもったいない！

いつかくるSNS終焉のとき、自分は〝何者〟でいるか

僕が思うに、皆さん、SNSに過剰な期待をしすぎるから疲れるんです。ディズニーランドに行ったら、はしゃいでいるうちに自分もおとぎの国の住人になったつもりで楽しんでいる。でもよく考えてみましょう。良い悪いではなく、僕らはディズニーランドで遊んでいるだけの人たち。ミッキーマウスやミニーマウスになったわけではない。

最後にもう一度言います。mixiの人気が下火になったように、いずれSNS全盛期にも終わりがくるとしたら……。そのとき、あなたは〝何者〟でいるだろうか？

22 遊びながら宣伝する

僕の後輩で、自分で帽子を作っているヤツがいます。彼は店舗をもつことができない代わりに、Instagramで商品を発表し、受注販売をしています。

また、僕の弟は大阪府守口市で「和ビストロ いのせんす!!」というお店を経営しています。僕は弟のお店の投稿をリツイートしたりして、お店の紹介や弟が開発したソースの宣伝をしています。お店の宣伝につながるのはもちろん、結果的に僕らの兄弟愛も深まった（笑）。

このように、SNSを〝宣伝〟という目的で使う人も多いかと思います。

そこで僕が提案したいのは、商品やサービスができるまでの過程もすべてオープンにしてしまうこと。「完成した」「発売した」という結果だけを伝えるのではなく、トライ&エラーを含めてプロセスを見せていくのです。

例えば、市場に行く。食材を仕入れる。メニューを考える。作ってみる。試作品を味見する。失敗する。失敗を生かして作り直す。完成する。そうしてめでたく発売にこぎ着けた。この一連の流れをSNSで随時レポートし、商品が完成するまでのストーリーをみんなに楽しんでもらうんです。

Twitterのアンケート機能を使って、何パターンかの試作品の写真をフォロワーに見せて投票してもらったり、値段をいくつか提案して「いくらなら買う？」と聞きながら、フォロワーをSNS上の宣伝会議に巻き込んでいく。

ほら、こうして過程を知っていれば当然、完成したものを食べに行きたくなるよね？　こんな展開をしている企業も増えてきたけど、フォロワーの少ない個人こそ、どんどんトライしてほしい。自分自身の記録にもなるし、結果的にフォロワー増加につながるかもしれない。

あなたが宣伝隊長になって参加したい気持ちを煽ろう

見る側の「参加したい」という気持ちを煽るのも、SNSの特徴です。

2018年に大ヒットした映画『カメラを止めるな!』は、公開当初、都内のミニシアター2館でしか上映されておらず、大きな配給宣伝会社が入っているわけではなかった。

でも、作品がとてもおもしろいことに加え、「ネタバレをしてはいけない」という特殊な設定が、実際に映画を見た人たちの間でひとつの〝共犯関係〟を生み出しました。SNSでは「ネタバレはできないんだけど」という前提で、みんなが感想をつぶやいていく。正直その感想を読んでも内容はさっぱりわからないのですが、逆にそのザワザワ感が、未見の人たちの「見たい気持ち」をどんどん煽っていくんです。

　こうした観客参加型の宣伝が、結果的に大ヒットにつながりました。そして過程を見ていた人は、その後も1館、また1館と公開館が増えていくのを、我がことのようにSNSで喜べるわけです。そのつぶやきがさらなる宣伝になる。

　観客参加型という意味では、学園祭の準備をドキュメントとして動画で公開していったりするのもアリかもしれません。企画の成り立ちから、ゲスト交渉や失敗。そしてみんな真剣であるがゆえに起きてしまう衝突。この若さゆえのがむしゃらな感じ……泣ける！

　動画に出ているのは知らない人ばかりなのに、運営委員それぞれの個性がわかってくる。「若いときの情熱を思い出した」なんて人もいるかもしれない。そんな紆余曲折を経て迎えた学園祭、ちょっとのぞいてみたくないですか？　オフの日なら、僕は間違いなく遊びに行くと思うよ！


前向きになる秘訣を聞かれて……

＼ポジティヴ励まし！／

後ろを向いても前を向いても、同じだけ時間は過ぎていく。

なら、前を向きながら時間を使いたいだけです。

〝遊び心〞があれば、最終的に ユーザーが勝手に宣伝してくれる

僕らお笑いの世界でいうと、おもしろいヤツは絶対に売れます。ただその売り方や時期を見誤ると、いくらおもしろくてもブレイクするタイミングがなかなかやってこない、なんてことがある。商品だってそう。いくらクオリティが高くても、ブレイクさせるためには戦略を立てなければいけません。

ただ何事も、やりすぎは禁物。あまりにも投稿がしつこかったり、宣伝色が強すぎると「うざい」「あざとい」と叩かれる引き金になってしまいます。まったく、SNSはどこに地雷があるかわからないよ！

だから、商品にも宣伝にも〝遊び心〞が必要です。

たとえば「コップのフチ子さん」。もともとは、ＯＬフチ子の人形をコップの端にひっかけて遊ぶ目的のカプセルトイでした。やがてユーザーが勝手にフチ子さんを公園のベンチなどさまざまなシチュエーションに置いて写真を撮っては、Instagramでタグ付けしながら遊ぶようになりました。当初の目的とは違う遊び方が浸透し、ヒットに拍車がかかった。ＳＮＳで広がったブームを通して思うのは、売りたい商品やサービスを使ってユーザーを巻き込むこと、使って楽しんでもらうことが何よりの宣伝になります。つまりユーザーが使うときの余白を作ることが〝遊び心〟ということです。

そして、新しい商品やサービスの開発には、僕らのようなエンターテインメントの人間を巻き込んでほしい。そうだ、試作品の味や使用感を、僕が動画レポートするプロジェクトなんてどうでしょう。開発中のどんなピンチも、ネガティヴな発言も、ポジティヴに変えてみせます。

というわけで企業の開発担当のみなさま、ご連絡お待ちしています（笑）。

23 気楽に「いいね」する

「いいね」を押す、押さないの判断は、人それぞれ。そこに決まったルールなどはありません。

だから自分の投稿に、必ずしも「いいね」がつくとは限らない。そんな予測不能な反応だからこそ、「いいね」が多くもらえた日は、驚いてはしゃいでしまう気持ちもわかります。ニューヨークの大学教授の研究によると、人間はSNSで「いいね」をたくさんもらうと、脳内にドーパミン（脳から分泌される、快感や多幸感を感じるホルモン）が分泌されるのだそう。

ただ、みなさんに覚えておいてほしいのは、「いいね」が多いからいい、すばらしい、「いいね」が少ないから悪い、恥ずかしい、カッコ悪いという判断基準にはならないということ。

自分の嫌なところを聞かれて……

＼ポジティヴ励まし!／

嫌なところも愛してあげたい!!だって、
オカンがお腹を痛めて産んでくれたんだもん!!

あなたが「こんな絵を描いてみました！」という写真をアップしたとします。しかし、1日経っても「いいね」もリツイートもされない。これは、あなたの絵のクオリティの低さを指摘されたわけではないんです。あのゴッホも偉大な才能がありながら、生前は画家として正当に評価されなかったといいます。つまり一時の他人の評価なんてあてにならないし、そもそも評価を求めてやることよりも、続けることが大事なんです。

ただあなたとしては「いいね」がつかないことで落ち込み、「人気のない作品」を晒し続けるのは苦痛だからと、投稿そのものを削除してしまう……。僕は、これほどもったいないことはないと思う。

SNSは〝評価〟を求める場所ではありません。自分が生きてきた道のりを、〝記録〟として残す場所です。

「いいね」なんて、ある意味、気まぐれで押すもの。人気度、注目度を計るものではないんです。みんな、その気まぐれに惑わされすぎてはダメです。そしていちばんよくないのは「いいね」を求めすぎて、自分自身が「いいね」と思えない投稿をし続けてしまうこと。「いいね」の少なかった投稿があったとしても、何かをきっかけにバズって、オセロのように世間の見方がひっくり返って価値が出るかもしれない。そもそも本当に絵を評価してほしかったら、プロの目利きがいるギャラリーに持ち込むべきです（笑）。その評価を目指すなら、SNSに試作品をどんどん投稿すればいい。SNSは遊び場なんだから。

100の「いいね」より親友からのひとつの「いいね」

逆に、みなさんはどれだけ、人の投稿に「いいね」を押していますか？

せめて友達の投稿には積極的に「いいね」を押してあげよう。時には、イラっとさせられる投稿もあるかもしれない。でも相手は悪い人じゃないよね？

それでも「いいね」を押すと決めてみる。だって「いいね」はタダですよ。

SNSを頻繁に開かない人や、「いいね」の判断基準が適当な人は、そういうキャラとして適当な感じをずっと貫きましょう！（笑）

無料で、かつ一瞬でポジティヴになることができるボタン。お互いに押し合って、ドーパミンを分泌しまくって、ハッピーになろうよ♡

それに、あなたのリアルな行動パターン、趣味嗜好、考え方、好きな異性のタイプ、ぜーんぶ知り尽くしている友達が押すひとつの「いいね」は、不特定多数が気まぐれで押す100の「いいね」よりも、ずっと価値があるものだと思うんです。「がんばってるね」「いい調子だね」「おいしそう。今度連れてって！」「僕もそう思ってたよ」「かわいいじゃん」。いろんな意味が込められた「いいね」のはず。

24 数よりも質にこだわる

「いいね」の数と同じぐらい振り回されがちなのが、フォロワーの増減です。見知らぬ人からフォローや友達申請の通知が届くと、その人のアカウントに飛んで、プロフィールや過去の投稿をさかのぼって読んでみた経験、誰しもあると思います。顔がめちゃくちゃ好みだからすぐに申請を承認したり、逆に気持ち悪くてスルーしたり（失礼）。

友人であれ、見知らぬ人であれ、フォローしてくれるのは、自分のことをおもしろいと思ってくれた証拠。「いいね」同様、なんだかんだでうれしいものです。そうして投稿を続けてくうち、ある日突然、フォローを外す人が出てきたとする。あなたはこう思うでしょう。「あれ、何か気に触ることを書いてしまったかな？」。でも僕なら気にしません。去る者は追わない！

「もっとみんなが共感することを書かなきゃ」『いいね』してもらえるような投稿をしなきゃ」と焦らなくていい。何度でも書くけど、しょせんSNSだよ。リアルな日常を充実させて、嘘偽りなく自分が楽しいと思うこと、好きなことを書き続けてこそ意味のあるものになるんです。

そして、フォロワーの価値って、数も大事かもしれないけど、それ以上に、どれほどそのアカウントに〝熱量〟があるかだと思います。

なんとなく僕を好きな1万人のフォロワーと、僕のことが誰よりも好きなフォロワー100人。みなさん僕をフォローしてくれているだけでありがたいけど、熱量が高ければ高いほど、そして愛情が濃ければ濃いほうがうれしい。表面的な数字に踊らされて、本質を見失いたくはないものです。

大切なのは、数字だけのフォロワーではなく互いに思い合える友達。フォロワー数にこだわりすぎて、本当に大事な人を手放しちゃダメだよ！

ポジティウ励まし!

「全国の女性に一言！」

みんな愛してるよ。

Inoue Tweet Selection ④

井上裕介

SNSでのストレスはSNSで吐き出すしかない。
そんな時、全て僕にぶつければいい!!
僕は、SNSでどんな罵詈雑言を浴びされようが
ストレスを感じることはない。
僕への悪口でみんなのストレスが減ってハッピーになるなら
ウィンウィンよね。 但し、君のストレスの原因が
僕である場合は申し訳ない。

井上裕介

ポケモンGOをするなら、男女２人一組でやればいいのに!!
女性は携帯の画面とにらめっこしながら、ポケモンGETする。
男性は女性の手を取って周りを見ながら
安全確保で女性の指示に従い道案内する。
そうすれば事故も減るだろうし、
ポケモンと一緒に恋もゲット出来るのになぁ。

井上裕介

相手がおれのことを嫌いかどうかなんて、どうでもいい!!
大事なのは、おれが相手のことを好きかどうかだよ。
何千万人に嫌われようが、
何千万人を愛せるような人になりたい！

井上裕介

贈り物。手作りのチョコでも、
手作りのマフラーでも、男は手作りに弱く、うれしい。
でも１日で作ったものより、100日かけて探してくれた
作られた物の方がうれしい。要は贈り物に、
どれだけの量の気持ちが入ってるかが重要なんだなぁ。

井上裕介

ブサイクランキング、ダサい男ランキング、
大金を積まれても結婚したくない男ランキング、
顔を洗って出直して欲しいランキング、
M1グランプリ、全て一位さ！

第5章
振り回されない
SNSは無料の遊び場である

25 冷静に現実を見る

SNSには中毒性があります。

もし何かのきっかけで一回でもバズったら、もう一度同じ快感を味わいたくなるでしょう。そうしてSNSに過度にのめり込みすぎると、本来の目的を見失って、リアルな日常の貴重な時間や大切なものを失うことになりかねません。

例えば混雑しているラーメン店で、食べる前にスープが冷めてしまうぐらい長い時間をかけて、Instagram用の写真を何枚も撮っている人。「おいしかった！」と投稿したいがために、何を優先すべきかを完全に見失っている。

ここ数年のハロウィンブームも同じです。渋谷のあちこちがInstagram用の写

試験がうまくいかなかったと相談されて……　＼ポジティヴ励まし！／

解けないことを後悔するより、
解こうと努力したことを褒めてあげよう。

真撮影大会と化し、翌朝の街は不要になって捨てられたコスプレ衣装を含むゴミだらけ。それって、自分たちが楽しいことを優先するあまり、人として最低限必要なマナーを見失っている。

そして、SNSを恋の駆け引きに使っている人もいますが、これもやりすぎ注意です。特に、意中の相手とSNSをフォローし合っていて、別の異性と一緒にいることをそれとなく投稿でアピールする、いわゆる〝匂わせ〟というやつ。それで相手の好奇心を〝くすぐる〟程度ならまだかわいい。ただ、リア充アピールに必死になりすぎて、「いつか自分と付き合ったら疲れそう」と思われたら本末転倒。挙げ句、SNS上で相手の動向を一日中を追うようになったらいよいよ重症です。今すぐデートに誘って「好きです」と言えば早いのに！

SNSの世界の中だけで行動やコミュニケーションが完結してしまっている人は、目の前にある大切なことを見失っている可能性が高い。スマホを置く時間を増やして、クールダウンしようね。

26 悪口をポジティヴに変換する

「死ね死ね死ね死ね」「テレビ出ないで」「キモい」「ブサイク」。みなさんご存じの通り、僕のSNS史は、そのほとんどが、顔も見えない人たちからの悪口との戦いの歴史でもありました。

僕は幸い、超ポジティヴな性格なので、悪口を言われてもへこたれることはほとんどありませんが、普通の人は、突然140文字の〝死ね〟が届いたら、ビックリするし、落ち込むでしょう。しかもそういう相手って、決まって誰もフォローしていないような匿名のアカウントでやっている。「どちらさまですか？」と聞きたくても追跡しようがないし、戦いようもない。こちらが悪口を言われた、その事実だけが残るわけです。それって戦い方としては卑怯だし、フェアじゃないよね。

実名・顔写真付きのアカウントから「井上の○○が嫌い！」って正々堂々とコメントがきたら、さすがに「ウッ……」となるけど、でも向こうが覚悟を決めてぶつけてくる気持ちが本物であれば、僕だって「よっしゃあ！　話し合おうか！」って腕まくりするよ。あ！これ、悪口のコメントくれっていう〝前フリ〟じゃないからね（笑）。

大前提としてあるのは、素性もわからない、顔も見えないアカウントの言葉なんて、気にする必要はないということ。第一〝悪口を書き込んでいる状況〟がわからない。友達と一緒にふざけて書いているかもしれないし、ひとりでごはんを食べながら暇つぶしで書いているかもしれない。状況が見えない悪口に対して、自分の時間を費やす必要はないんです。

ネット上の悪口に対しては、それをはねのける強さと、ある種の無頓着さが必要不可欠です。まず真正面から受け止めることはやめよう。

「嫌い！」は努力次第で「好き！」に変えられる

誰でもＳＮＳを始めた当初は、コメントや写真を見て共感して、ダイレクトメッセージを送り合ったりして、自然とフォロー・フォロワーを増やす、そんなふうに使っていた。

それが、日常がＳＮＳ中心になればなるほど、楽しいことより批判や悪口、ネガティヴなことを書くほうが多くなり、揚げ足を取ったり自分とは関係のない事件に物申すことに躍起になったりして、本来であれば仲良くなって交流できるかもしれなかった人たちさえも、知らず知らずのうちに遠ざけるような使い方になってしまっている。

僕は「無関心」を「好き」には変えられないけど、「嫌い！」は努力次第で「好き！」に変えられると思っています。

「イヤよイヤよも好きのうち」という言葉があるよね？
悪口だろうが、誹謗中傷だろうが、「嫌い」という感情が生まれたということは、その人が自分のことを認識してくれた証拠で、それは無よりもマシ。将来的には**まさかの友達になれる可能性だって0％じゃない。**

「こんなに気にかけてくれてありがとう！」ぐらいの気持ちで悪口に対しても「いいね」やコメントが返せるようになったら、あなたも明日から一人前のスーパー・ポジティヴ・シンキングの持ち主だよ。

ポジティヴ励まし！

「全国の男性にも一言！」

僕の背中を見て学びなさい！！

27 傷つく勇気を持つ

先ほどの悪口の話の続きになるけど、Twitterの場合、僕への悪口に対して、僕がコメント付き引用ツイートをすれば、フォロワーにもその一部始終が見えてしまいます。

僕は、何千、何万人が見ているSNSで、ネガティヴなやりとりを晒してまでみんなにイヤな思いをさせたくない。楽しい気分になってもらいたい。

そして何より、僕は芸人。常にみんなが笑顔になれるようなことを発信していかなきゃと思っています。

東日本大震災などの災害で世の中が暗くなってしまったときにも、周りに不謹慎だと言われようがなんだろうが「僕らの漫才を見て笑ってください」と伝えました。「こんなとき、何を言うてんねん」と突っ込まれたこともあった。でも僕は反論せず「こんなときだからこそ言うんです」と真摯に答えました。感情的な指摘に対し、こちらも感情的になってはダメだと思ったし、読んでいる人はもちろん、突っ込んだ人すらも傷つけたくなかったんです。

僕はSNSでみんなから好かれようが嫌われようが、正直どっちでもいいと思っています。

ただただ、僕の言葉や行動でみんなが笑ってくれるなら、いくらでも悪口や誹謗中傷を受け入れようって。そしてそれを笑いに変えてみせます。芸人という仕事に誇りをもっているからね。その人の記憶に残れるのなら、形なんてなんでもいい。

そして、悪口なんか気にしていられないぐらい、僕は1分1秒でも人生を楽しみたいんです。

自分らしくいるために傷つく勇気を持とうよ

誹謗中傷を受けたせいで、ＳＮＳをやめる人は年々増えているそうです。世の中、僕のようにスーパー・ポジティヴに生きられる人ばかりではないこともわかっています。

だから、僕はどんな誹謗中傷を受けてもTwitterをやめることはないので、何か言いたいことがある人は僕に言えばいい（笑）。そしたら他の人が中傷されてTwitterをやめなくて済むかもね！

誹謗中傷で膨れ上がるタイムラインに埋もれ、本当に素敵な投稿や、助けを求めている投稿を見逃したくない。それはみんなも同じでしょう？　ユーザーそれぞれが、負の連鎖は自分のところで食い止めなくちゃって思えれば、もっとＳＮＳが快適に進化するはずです。

＼ポジティヴ励まし！／

偏差値が低いという女性に恋愛相談されて……

恋に偏差値なんて、関係ないよ！！

SNSを上手に使いたいなら〝傷つく勇気〟を持つことも大事です。

リアルの人間関係においても、自分らしい生き方を追い求めると、応援の声がある一方で「その考えはおかしいよ」「やめたほうがいいんじゃない？」と、余計なお節介を焼かれることがある。そんな声は、前例がない行動だったり、個性的な作品であるほど多い。SNSでは、こうしたやっかみや中傷が否応なく目に飛び込んできます。でも「半分はスルーする」のページにも書いたように、SNS上の価値観なんて、ふとしたきっかけで変わるもの。そんな場所で、他人の目を気にして、無理して理解を得ようとする時間がもったいない。だからこそ、「傷つくのは自分だけでいい」と腹をくくることも大事。

傷つくことなくして、自分らしい人生なんて歩めないんだから。はらわた煮えくりかえっても、ユーモアを武器に立ち向かおう。〝笑い〟が常に救ってくれるよ！

28

自分の価値観を信じる

人の数だけ「こうあるべき」という常識や価値観があります。

もともと僕は、なるべく他人と自分を比べないようにしています。人と比べるからストレスがたまるし、自分の能力のなさがイヤになる。

他人と比べるぐらいなら、〝昨日の自分〟と〝今日の自分〟を比べるほうが、ずっと健康的。昨日より今日が一歩でも前に進んでいるなら、それでいいじゃないですか。

そうして今の自分が楽しいかを常に問いかけ、「誰がなんと言おうと、僕がハッピーなら、ハッピーなんだ！」と言い聞かせることでポジティヴになれるんです。SNSを続ける上でも一緒です。自分の価値観を押し付けてこようと

＼ ポジティヴ励まし！ ／

友達ができないと相談されて……

おれが友達！　ほら友達出来たよ。

する人には、反論ではなく、僕自身がハッピーになれるユーモアで打ち返してみよう。

そこで考えついたのが〝ポジティヴ返し〟でした。

「日本の恥」を「日本代表」に変換 勘違いは自分のオーラになる

「Twitterで見知らぬ人から「日本の恥」と言われたことがありました。

本来ならつらいところです。

でもそれって、相手の〝日本人とはこうあるべき〟というモノサシに僕がはまらなかったということでしかない。

そして見方を変えれば、日本という大きな枠組みの中で、相手が僕という存在を考えてくれたということです。そんな壮大なスケールの悪口に対し、僕は感謝と喜びの気持ちを込めて「日本代表になれた！」と返事をしました。ネガティヴワードをポジティヴワードに変換してみたのです。

おそらく相手は「井上、何言ってんの？」と思ったでしょう。でもこうしたある種の〝勘違い〟と思われてもおかしくない大きなことを言うと、それが自分のオーラになり、パワーに変わる。その自信が周りに伝わって、どんどん人が集まってくると思うんです。

誹謗中傷ややっかみに振り回されず、むしろ逆境を逆手に取ったこれらネット上の大喜利大会はありがたいことにバズりにバズって、ご存じの通り、単行本や日めくりカレンダーを出させてもらうまでになりました。

そして〝ポジティヴ返し〟をきっかけに、僕に対する世間のイメージもブサイク&ナルシストキャラから「実はいい人なんじゃないか」と、ポジティヴキャラにシフトしていきました。

図らずも、SNS上の価値観はコロコロ変わるということを、僕が証明してみせた形になったけど、僕自身は今も昔も変わっていない。

自分の価値観をまず信じて、意にそぐわない反応は受け流すか、ユーモアをもって打ち返す。時間をかけずに短文でね!

傷ついたことがないのか聞かれて……

＼ポジティヴ励まし!／

批判の数だけ強くなれるよ!
アスファルトに、咲く花のように!

29 いったん休止する

若い人たちのSNSへの執着ぶりを見ていると、ファミコン全盛期を思い出します。ゲームにハマりすぎて勉学に支障を来した結果、親にゲームを取り上げられて、そりゃもうこの世の終わりみたいに号泣した人もいた。

でも僕と同世代の読者の方、大人になってみてどうですか？　ゲームなしでも生きていけるよね？（一部の人を除いて！）

成長する過程で、ファミコンがなくても、おなかはすくし、恋はするし、明日はやってきて、ファミコンに代わる新たな娯楽が開発されることを知った。まだその経験が少ない若い人たちは、ここ数年のSNSの異様な盛り上がりのような、流行に対しての免疫がないのかもしれない。だから、当たり前の日常に侵食してくるような中毒性に気づかない人が多い。

ポジティヴ励まし!

いつも生きる勇気をありがとうと感謝されて……

そう思ってもらえるだけで、おれが生きてる理由がある。

僕にとって、SNSという存在は、生活の端のほうにあるごく一部のもの。生活の中心に据えることはない。もちろん、あなたが今、書きたいことがあってSNSを楽しんでいるのならいいんです。でも、知らず知らずのうちに人や事件を追うことにのめり込みすぎていたり、自分を過剰に装ってやがて窮屈さを感じたり。そうこうしているうちに、SNSは誰でも自由に始められるのと同時に、いつでもやめられるということさえも忘れてしまう。冷静になれば、急にやめるという決断の前に、いったん距離を置いてみる、休止するという選択だってある。

「自分の生活になくてはならない」と思い込み、執着していたものをいったん手放してみると、心が軽くなるだけでなく、新しい価値観が見えてくる。お休み中に冷静さを取り戻せれば本当の良さだってわかってくるし、できた時間で新しいことを始められる。そう考えると、腐れ縁の恋人みたいなものにもなってしまうのがSNS。距離を置き、ヨリを戻したりスパッとお別れしたり、いい関係が築けるように自由に気楽にやればいいよ！

30 心に"しょせんSNS"と刻む

いよいよ最後の習慣を解説します。

ここまで読んできた人は、もう薄々気づいているでしょう。極論を言うと、僕は「SNSは、いつなくなってもいい！」と思っています。

だって、SNSで得られる喜びのほとんどは、リアルな日常でも感じられることばかりだし、それを超えているとは思えないから。

もちろん、取っかかりにはなる。世界中の人とも、簡単につながれるようになった。でも、世界中の人とつながりたい人が本来目指すべきことは、世界中の人から「いいね」をもらえるような投稿をすることではなく、リアルに海外を旅したり、語学を勉強したり、世界を股にかけた仕事ができるように努力することだと思うんです。

SNSは無料のサービス
リアルな思い出はプライスレス

SNSとリアルな日常、どちらでも同じように感じられる喜びとは何でしょうか？

たとえばInstagramは、自分が撮った写真をフォロワーにシェアして、「いいね」をもらうというシステムです。

ここで僕が思い出すのは、中学・高校時代の学校行事の写真展示です。

昔、僕の学校では、遠足や運動会、修学旅行などの際にカメラマンの撮ってくれたスナップ写真が学校の廊下に貼り出されて、自分が好きな写真を購入すると

＼ポジティブ励まし！／

2回フラれて恋愛が怖いと相談されて……

3回目で成功するかもって思えば楽しみですよ!!

いうシステムがありました。好きな女の子の写真もこっそり注文したり、ね。

貼り出された写真を友達と見ながら、「お前、何買った？」「俺はこれ買うた」「その写真、めっちゃええやん。俺も買おう」。

これって、Instagramの「いいね」と同じような行為だと思うんです。

そして、インスタントカメラの「写ルンです」や「チェキ」。自分で簡単に写真を撮ることができ、後者はその場でプリントした写真に文字を描いて遊んだり。この写真撮影の気軽さや加工遊びは、Instagramの特性にも通じます。

また、ギャル文化の象徴でもあるプリクラ。友達とプリクラ機で撮影し、写真を分け合い、プリクラ手帳を見せ合いっこしながらおしゃべりをする。これもInstagramにおけるシェアや「いいね」のようなものです。

「写真を選ぶ」「写真を撮る」「撮った写真を分ける」「写真を見せ合う」。

今、みなさんがＳＮＳで盛り上がっている行為の醍醐味って、もともとは僕らの身近にあったものなんです。

もちろんＳＮＳ特有の利便性や、人とつながるスピードはすごいです。

ただその一方で、撮り直しが利かないからこそ写真を大事に撮ったり、思い出をモノとして残したり手渡したり、写真を介して友達と顔を突き合わせて会話を楽しんだりすることが減った。振り返ると、写真と自分との関わりは〝ＳＮＳ以前〟のほうがピュアで幸せだったかもしれない、と僕は思うんです。

だからといってアナログもデジタルも、どちらも否定はしません。共存できると思うし、いま目の前で起きている楽しいこと、目の前にいる好きな人を大切にする気持ちさえあれば、アウトプットの仕方はそれぞれが選んでいけばいい。

リアルな生活をポジティヴに過ごしている人ほど、その選び方が上手なんです。

最後にもう一度言うけど、SNSはしょせんネット上のサービスです！

そして、SNSがあなたにもたらしてくれる喜び以上に、実人生で得られる喜びがあります。僕は、そんなささやかな幸せを見失ってほしくない。

だからこそ、1日24時間をSNSに捧げるのではなく、いま生きている日々を少しだけ豊かにするスパイスとしてSNSと向き合ってもらいたいと思います。

この本を読んだら、「SNSを始めました」「やり方を見直しました」っていう人と同じぐらい「SNSを休止してみました」「SNSをやめました」という人が増えるとうれしいです（笑）。

どちらに振れたとしても、あなたにとってそれがポジティヴな決断であれば、僕の言いたいことが伝わったんだと思います。

最後まで読んでくれてありがとう！　自分のために、自分の時間を使ってね!!

＼ポジティヴ励まし！／

「英語教えてください」

I LOVE YOU

もしよければ、この本をSNSで宣伝してね（笑）

SNSをポジティヴに楽しむための30の習慣

2019年4月25日　初版発行

著者　井上裕介（NON STYLE）

発行人　藤原 寛
編集人　松野浩之

編集　平井万里子
デザイン　三宅理子
撮影　栗原 論
ヘア&メイク　萩村千紗子
企画・構成　井澤元清

発行　ヨシモトブックス
〒160-0022
東京都新宿区新宿5-18-21
Tel：03-3209-8291

発売　株式会社ワニブックス
〒150-8482
東京都渋谷区恵比寿4-4-9 えびす大黑ビル
Tel：03-5449-2711

印刷・製本　株式会社光邦

ISBN978-4-8470-9779-9　C0095